普通高等教育“十四五”规划教材

PROGRAMMING

C程序设计

实践教程

主 编 刘卫国

中国水利水电出版社
www.waterpub.com.cn
·北京·

内 容 提 要

本书是与《C程序设计（慕课版）》（刘卫国主编，中国水利水电出版社出版）配套使用的参考用书，包括实验指导、常用算法设计和章节练习3部分内容。在实验指导部分设计了14个实验，与课程内容紧密配合，可以帮助读者更好地掌握C语言程序设计的方法。常用算法设计部分针对初学者学习程序设计的难点，总结了常见问题的编程思路来帮助读者提高程序设计能力。章节练习部分帮助读者巩固课程所学内容同时达到提高应用能力的目的。

本书内容丰富，实用性强，适合作为高等学校程序设计课程的教学参考书，也可供参加各类计算机等级考试的读者与社会各类计算机应用人员阅读参考。

图书在版编目（CIP）数据

C程序设计实践教程 / 刘卫国主编. -- 北京 : 中国水利水电出版社, 2023.11
普通高等教育“十四五”规划教材
ISBN 978-7-5226-1924-8

Ⅰ. ①C… Ⅱ. ①刘… Ⅲ. ①C语言－程序设计－高等学校－教材 Ⅳ. ①TP312.8

中国国家版本馆CIP数据核字(2023)第217420号

策划编辑：周益丹　责任编辑：魏渊源　加工编辑：刘瑜　封面设计：苏敏

	普通高等教育“十四五”规划教材
书　　名	C程序设计实践教程
	C CHENGXU SHEJI SHIJIAN JIAOCHENG
作　　者	主　编　刘卫国
出版发行	中国水利水电出版社
	（北京市海淀区玉渊潭南路1号D座　100038）
	网址：www.waterpub.com.cn
	E-mail：mchannel@263.net（答疑）
	sales@mwr.gov.cn
	电话：（010）68545888（营销中心）、82562819（组稿）
经　　售	北京科水图书销售有限公司
	电话：（010）68545874、63202643
	全国各地新华书店和相关出版物销售网点
排　　版	北京万水电子信息有限公司
印　　刷	三河市德贤弘印务有限公司
规　　格	210mm×285mm　16开本　13印张　333千字
版　　次	2023年11月第1版　2023年11月第1次印刷
印　　数	0001—3000册
定　　价	39.00元

前　言

C 程序设计是一门实践性很强的课程。许多程序设计方法和技巧不是光靠听课和看书就能学到的，而是通过大量的上机实践积累起来的，所以，学习程序设计必须以实践为重。本书是与《C 程序设计（慕课版）》（刘卫国主编，中国水利水电出版社出版）配套使用的参考用书，包括实验指导、常用算法设计和章节练习 3 部分内容。

为了方便读者上机操作，在实验指导部分设计了 14 个实验，每个实验都和课程学习内容相配合，以帮助读者通过上机实验加深对课程内容的理解，更好地掌握程序设计的基本思想和方法。实验内容以编写程序练习为主，分为“模仿编程实验”和“独立编程实验”两部分。“模仿编程实验”给出了程序的主体部分，要求将程序补充完整，“独立编程实验”则要求读者独立完成编程练习。

程序编写是学习程序设计的难点，也是学习的重点。常用算法设计部分根据程序设计教学基本要求，将常见的程序设计问题进行分类，分别总结每一类问题的算法设计思路，以引导读者掌握基本的程序设计方法和技巧。教学实践表明，这样做对提高初学者的程序设计能力是很有帮助的。

章节练习部分以课程学习为线索编写了十分丰富的习题并给出了参考答案。在题解时，应重点理解和掌握与题目相关的知识点，而不要死记答案，应在阅读教材的基础上进行练习，通过做题达到强化、巩固和提高的目的。

本书内容丰富，实用性强，适合作为高等学校程序设计课程的教学参考书，也可供参加各类计算机等级考试的读者与社会各类计算机应用人员阅读参考。

本书由刘卫国担任主编，参与编写的有童键、曹岳辉、吕格莉、罗芳、何小贤、严晖等。许多教师参与了课程建设实践，为本书编写积累了丰富的素材。在本书编写过程中吸取了许多教师、MOOC 学员的宝贵意见和建议，在此表示衷心的感谢。

由于编者水平有限，书中难免存在不足之处，恳请广大读者批评指正。

编　者

2023 年 6 月于中南大学

目 录

第1章

实验指导

学习程序设计，上机实验是十分重要的环节。为了方便读者上机练习，本章设计了 14 个实验。这些实验和课堂教学紧密配合，读者可以根据实际情况从每个实验中选择部分内容作为上机练习。

为了达到理想的实验效果，读者务必做到以下几点。

（1）实验前认真准备，要根据实验目的和实验内容，复习好实验中要用到的概念、语句，想好编程的思路，做到胸有成竹，提高上机效率。

（2）实验过程中积极思考，要深入分析实验现象、程序的运行结果以及各种屏幕信息的含义、出现的原因并提出解决办法。

（3）实验后认真总结，要总结本次实验有哪些收获，还存在哪些问题。

1.1　程序的运行环境和步骤

实验目的

1. 熟悉 Visual Studio 集成开发环境的使用方法。

2. 熟悉 C 语言程序从编辑、编译、连接到运行并得到运行结果的过程。

3. 掌握 C 语言程序的结构特征与书写规则。

模仿编程实验

1. 创建一个控制台项目文件 proj1，在项目中输入下列程序，练习在 Visual Studio 环境下运行 C 语言程序的操作过程。

```
#include <stdio.h>
int main()
{
   printf("This ia the first C program!\n");
   return 0;
}
```

操作步骤如下。

（1）启动 Visual Studio 集成开发环境。

在 Windows 系统桌面，单击“开始”按钮，再选择“Visual Studio 2022”选项，进入 Visual Studio 2022 启动界面窗口（若使用其他 Visual Studio 版本，其操作方法类似）。

（2）创建新项目。

① 在 Visual Studio 启动界面窗口选择“创建新项目”选项，打开“创建新项目”对话框（若已经在 Visual Studio 环境中，则选择“文件”→“新建”→“项目”命令，打开“创建新项目”对话框）。

② 选择“空项目”或“控制台应用”选项，单击“下一步”按钮进入“配置新项目”对话框。

③ 输入项目名称 proj1、位置及解决方案名称（一般与项目名称相同），单击“创建”按钮完成项目创建过程。

（3）创建 C 源程序文件。

若在创建新项目时选择的是“控制台应用”选项，则在项目中自动产生一个和项目名称同名的源程序文件，并在编辑器中打开该文件。若选择的是“空项目”选项，则需要在项目里添加源程序文件，步骤如下。

① 右击项目中的“源文件”结点，在快捷菜单中选择“添加”→“新建项”命令，打开“添加新项”对话框，选择“C++ 文件 (.cpp)”选项，然后在下边的“名称”和“位置”输入框中分别输入源程序的文件名和存放位置。

输入文件名时，如果不指定扩展名 .c，系统将按 C++ 源程序文件的扩展名 .cpp 保存。因为 C++ 基本兼容 C 语言，所以用 C 语言写的程序一般可以直接当作 C++ 程序来运行。但在学习 C 语言的时候建议选用 .c 文件，即在 C++ 的开发环境下运行 C 语言程序。

② 单击“添加”按钮，则创建完成了一个源程序文件，并打开该源程序的编辑窗口。

③ 在源程序编辑窗口下编辑 C 语言源程序。

（4）编译、连接和运行源程序。

① 选择“生成”→“编译”命令，这时系统开始对当前源程序进行编译，产生对应的 .obj 目标文件。在编译过程中，系统检查源程序中有无语法错误，然后在输出窗口显示生成信息。若程序没有语法错误，则生成执行文件 proj1.exe，并在输出窗口中显示生成成功的信息。

有时会出现“警告”（warning），但不影响程序执行。假如有“错误”（error），则会指出错误的位置和信息，双击某行出错信息，程序窗口会指示对应出错位置，根据信息窗口的提示分别予以修改。

选择“生成”→“生成 ××”命令可以把目标文件和系统提供的资源（如库函数、头文件等）连接起来，生成 .exe 可执行文件。

② 单击 Visual Studio“标准”工具栏的“开始执行（不调试）”绿色三角按钮，或者选择“调试”→“开始执行（不调试）”命令，或者按 <Ctrl+F5> 组合键，可一次完成编译、连接和运行操作。控制台应用程序运行时，会自动弹出数据输入输出窗口。

2．计算并输出 π^2。请补充程序，并上机运行该程序。

```
#include <stdio.h>
int main()
{
  double p;
  p=____①____;
  printf("%lf\n",p);
  return 0;
}
```

3．下面是一个加法程序，该程序运行时会等待用户从键盘输入两个整数，然后求出它们的和并将其输出。请补充程序，并上机运行该程序。

```
#include <stdio.h>
int main()
{
  int a,b,c;
  printf("Please input a,b:");
  scanf("%d%d",&a,&b);                  //注意，输入数据时，数据间用空格分隔
  c=____①____
  printf("%d+%d=%d____②____",a,b,c);    //希望输出结果后要换行
  return 0;
}
```

4．编译下列程序。

```
#include <stdio.h>
int main()
{
  int i=23,j;
  s=i+j;          //变量 j 没有值，s 没有定义
```

```
    printf("s=%d\n",s);
    return 0;
}
```

回答下列问题。

（1）编译时出现的编译信息是什么？分析编译信息的含义，修改后再编译程序。

（2）连接并运行程序，分析输出结果，说出产生这种结果的原因是什么。

独立编程实验

1．先输入并运行一个最简单的 C 语言程序，然后对该程序进行扩充，使其能输出简单的一串字符或数值，构成比较简单的 C 语言程序。再进一步思考，这一类程序在调试、验证系统时有何价值？

提示：最简单的 C 语言程序中的内容是语法上必须要求的，哪怕缺少一个字符都会出现语法错误。

2．从键盘输入任意 3 个整数，求它们的和及平均值。

3．输出图 1-1 所示的三角形图案。

```
*
***
*****
*******
```

图 1-1　三角形图案

1.2　程序的数据描述

实验目的

1．掌握 C 语言基本数据类型（整型、实型和字符型）以及各种常量的表示方法、变量的定义和使用规则。

2．掌握 C 语言的算术运算、逗号运算的运算规则与表达式的书写方法。

3．掌握不同类型数据运算时数据类型的转换规则。

4．进一步熟悉 C 语言程序的编辑、编译、连接和运行的过程。

模仿编程实验

1．以下程序可测试整型、字符型数据的各种表示形式。请补充程序，并上机运行该程序。

```
#include <stdio.h>
int main()
```

```
{
    ①    x=010,y=10,z=0x10;             // 整型数据的表示方法
    ②    c1='M',c2='\x4d',c3='\115',c;  // 字符型数据的表示方法
  printf("x+y+z=%d\n",x+y+z);
  printf("c1=%d,c2=%d,c3=%c\n",c1,c2,c3);
  c=c1++;
  printf("c=%c,c1=%c\n",c,c1);
  return 0;
}
```

2．先写出以下程序的运行结果，然后上机验证。

```
#include <stdio.h>
int main()
{
  int a=6,b=13;
  printf("%d\n",(a+1,b+a,b+10));
  return 0;
}
```

回答下列问题并上机验证自己的答案。

（1）如果将“printf("%d\n",(a+1,b+a,b+10));”改为“printf("%d\n",a+1,b+a,b+10);”，即删除输出项两边的括号，输出结果有何变化？

（2）如果将“printf("%d\n",(a+1,b+a,b+10));”改为“printf("%d,%d,%d \n",a+1,b+a,b+10);”，输出结果有何变化？

（3）根据上机运行结果总结逗号运算的优先级。

3．先运行以下程序，分析程序中的错误，改正错误后再运行程序，一直到结果正确为止。

（1）输入一个角的度数，输出其正弦函数值。

```
#include <stdio.h>
#include <math.h>
int main()
{
  long d;
  double  x;
  scanf("%d",&d);
  x=SIN(d*pi/180.0);           // 有一个错误
  printf("sin(%d)=%f\n",d,x);
  return 0;
}
```

（2）输入一个华氏温度，求其对应的摄氏温度。

```
#include <stdio.h>
int main()
{
  double  F,C;
  scanf("%f",&F);
  C=5/9*(F-32);                // 有一个错误
  printf("F=%f,C=%f\n",F,C);
  return 0;
}
```

4．输入圆的半径，求其面积。请补充程序，并上机运行该程序。

```
#include <stdio.h>
# ___①___ PI 3.14159
int main()
{
  float r,s;
  scanf("%f",&r);
  s= ___②___ ;
  printf("s=%f\n",s);
  return 0;
}
```

独立编程实验

1．已知 a=2，b=3，x=3.9，y=2.3（a、b 为整型，x、y 为浮点型），求算术表达式 (float)(a+b)/2+(int)x%(int)y 的值。

2．首先输入整型变量 x 的值，然后将 x+5 的值传给实型变量 y 后将 x 值加 1，最后输出 x 和 y 的值。要求第 2 步用一个赋值语句完成。

3. 已知物品的单价 PRICE，根据数量 x 的值求其总金额。要求将单价 PRICE 定义为符号常量，数量 x 从键盘输入。

4．从键盘输入一个 3 位整数，要求分别输出其个位、十位、百位数字。

1.3 顺序结构程序设计

实验目的

1．掌握 C 语言的赋值运算和赋值语句。

2．掌握基本输入输出函数的使用。

3．掌握顺序结构程序设计的方法。

模仿编程实验

1．当输入的数值是 8.5、2.5、5 时，分析程序运行结果，并上机验证。

```
#include <stdio.h>
int main()
{
  float x,y;
  int z;
  scanf("%f,%f,%d",&x,&x,&z);
  y=x-z%2*(int)(x+17)%4/2;
  printf("x=%f,y=%f,z=%d\n",x,y,z);
  return 0;
}
```

回答下列问题。

（1）scanf 函数的输入项中有两个 x 变量，如何确定它的值？

（2）输入数据时，数据间应该用什么分隔符？如果将“scanf("%f,%f,%d",&x,&x,&z);”改为“scanf("%f%f%d",&x,&x,&z);”，输入数据时，数据间应该用什么分隔符？

（3）输入数据时，如果输入数据的个数少于输入变量的个数，会出现什么情况？如果输入数据的个数多于输入变量的个数，又会出现什么情况？

2．根据商品原价和折扣率，计算商品的实际售价。请补充程序，并上机运行该程序。

```
#include <stdio.h>
int main()
{
   float price,discount,fee;
   printf("Input Price,Discount:");
   scanf("%f%f", ___①___ , ___②___ );
   fee=price*(1-discount/100);
   printf("Fee=%.2f\n",fee);
   return 0;
}
```

3．求 $y=\dfrac{\sin(\sqrt{ax})+\ln(a+x)}{e^{ax}\cos(\sqrt{a+x})}$，要求 a 和 x 从键盘输入。请补充程序，并上机运行该程序。

```
#include <stdio.h>
#include ___①___
int main()
{
   double a,x,y;
   scanf("%lf%lf",&a,&x);
   y=(sin(sqrt(a*x))+log(a+x))/( ___②___ *cos(sqrt(a+x)));
   printf("y=%lf\n",y);
   return 0;
}
```

4．以下程序为输入一个大写字母，输出对应的小写字母。请补充程序，并上机运行该程序。

```
#include <stdio.h>
int main()
{
   char upperc,lowerc;
   upperc= ___①___ ;
   lowerc= ___②___ ;
   printf(" 大写字母 "); putchar(upperc);
   printf(" 小写字母 "); putchar(lowerc); putchar('\n');
   return 0;
}
```

独立编程实验

1．已知 $y=\mathrm{e}^{\frac{\pi}{2}x}+\ln|\sin^2 x+\sin x^2|$，其中 $x=\sqrt{1+\tan 52^\circ}$，求 y 的值。

2．求以 a，b，c 为边长的三角形的面积 s。$s=\sqrt{p(p-a)(p-b)(p-c)}$，其中 $p=\frac{a+b+c}{2}$。

3．输入一个 3 位正整数，求各位数字的立方和。

4．输入两个整数 a 和 b，求 a 除以 b 的商和余数，编写程序并按如下形式输出结果（设 a=1500，b=350，□表示空格）。

```
a=□1500，b=□350
a/b=□□4，□a□mod□b=□100
```

1.4　选择结构程序设计

实验目的

1．掌握关系表达式和逻辑表达式的运算规则与书写方法。

2．掌握 if 语句和 switch 语句的使用方法。

3．熟悉选择结构程序设计的方法。

模仿编程实验

1．以下程序的功能是当输入 x 的值为 100 时，输出“Right”，否则输出“Error”。先运行程序，看看结果如何？然后修改程序，使其达到题目要求。

```
#include <stdio.h>
int main()
{
   int x;
   scanf("%d",&x);
   if (x=100) printf("Right"); else printf("Error");
   return 0;
}
```

注意：

（1）验证含有选择结构的程序时，要输入多种数据，使程序的每一个分支都被执行到，从而保证每个分支的正确性。

（2）程序中的逻辑错误，即程序功能上的错误（非语法错误），是初学者最容易犯的错误，希望读者特别留意。请读者选择下列程序运行后的输出结果。

```
#include <stdio.h>
int main()
{  int x=0x15;
   if (x=15) printf("True\n");
   else printf("False\n");
   return 0;
}
```

A．True\n　　B．True　　C．False\n　　D．False

2. 判断用户从键盘输入的数是奇数还是偶数，然后在屏幕上显示出相应的信息。请补充程序，并上机运行该程序。

```
#include <stdio.h>
int main()
{
  int number_to_test,remainder;
  printf("Enter your number to be tested.\n");
  scanf("%d",&number_to_test);
  remainder=  ①  ;          // 求余数
  if (remainder  ②  )
    printf(" 该数是偶数 .\n");
  else
    printf(" 该数是奇数 .\n");
  return 0;
}
```

3．要求用户从键盘输入一个年号，然后由程序判断其是否是闰年。判断闰年的方法是，年数能被 4 整除但不能被 100 整除，或者年数能被 400 整除都为闰年。请补充程序，并上机运行该程序。

```
#include <stdio.h>
int main()
{
  int year,rem_4,rem_100,rem_400;
  printf("Enter the year to be tested.\n");
  scanf("%d",&year);
  rem_4=  ①  ;            // 年份除以 4 的余数
  rem_100=year%100;
  rem_400=year%400;
  if ((rem_4==0 && rem_100!=0)  ②  rem_400==0)
    printf("It's a leap year.\n");
  else
    printf("It's not a leap year.\n");
  return 0;
}
```

4．从键盘输入一个字符，把它归类为字母字符（a ～ z 或 A ～ Z）、数字字符（0 ～ 9）或其他字符。请补充程序，并上机运行该程序。

```
#include <stdio.h>
int main()
{
  char c;
  printf("Enter a single character：\n");
  scanf("%c",&c);
  if ((c>='a' && c<='z') ||  ①  )          // 是否为小写或大写字母
    printf("It's an alphbaetic character.\n");
  else if (c>='0' && c<='9')              // 是否为数字字符
   printf("It's a digit.\n");
   ②
    printf("It's a special character.\n");
  return 0;
}
```

独立编程实验

1．输入一个学生的成绩，若高于 60 分，则输出“Pass”，否则输出“Fail”。

2．输入两个字符，若这两个字符的 ASCII 值之差为偶数，则输出它们的后继字符，否则输出它们的前驱字符。

3．求以下分段函数的值。

$$y=\begin{cases}\sin(x+1) & -15<x<0\\ \ln(x^2+1) & 0\leqslant x<10\\ \sqrt[3]{x} & 15<x<20\\ x^3 & \text{其他}\end{cases}$$

4．给出一个百分制成绩，要求输出成绩等级 A、B、C、D、E。90 分以上为 A，80 ～ 89 分为 B，70 ～ 79 分为 C，60 ～ 69 分为 D，60 分以下为 E。当输入数据大于 100 或小于 0 时，通知用户“输入数据出错”后结束程序。要求分别用 if 语句和 switch 语句实现。

1.5 循环结构程序设计

实验目的

1．掌握 while、do-while 和 for 循环语句的格式与使用方法。

2．熟悉循环结构程序设计的方法。

模仿编程实验

1．输入 n 的值，求$s=\frac{1}{1\times2\times3}+\frac{1}{2\times3\times4}+\cdots+\frac{1}{n\times(n+1)\times(n+2)}$。

```
#include <stdio.h>
int main()
{
  float s;
  int n,i;
  scanf("%d",&n);
  s=0;
  for(i=1;i<=n;i++)
    s+=1.0/(i*(i+1)*(i+2));
  printf("s=%f\n",s);
  return 0;
}
```

回答下列问题。

（1）如果将实现累加的语句“s+=1.0/(i*(i+1)*(i+2));”改为“s+=1/(i*(i+1)*(i+2));”，写出程

序的运行结果。这是初学者容易出现的典型错误，请读者特别留意。

（2）for 语句中的 3 个表达式分别代表什么逻辑含义？各在循环的什么阶段执行？由此可以总结出 for 语句的很多变化形式，请按以下形式的 for 语句改写程序，并上机运行。

① for(s=0,i=1;i<=n;)

```
{ s+=1.0/(i*(i+1)*(i+2));
i++;}
```

② for(s=0,i=1;i<=n;s+=1.0/(i*(i+1)*(i+2)),i++);

③ s=0;i=1;

```
for(;;)
{ if (i>n) break;
  s+=1.0/(i*(i+1)*(i+2));
i++;}
```

2．求 200 以内可以被 17 整除的最大的整数。请补充程序，并上机运行该程序。

```
#include <stdio.h>
int main()
{
  int i=200;
  do
  {if (i % 17==0)____①____;
    i--;}
  while(____②____);
  printf("%d\n",i);
  return 0;
}
```

3．从键盘输入若干个学生的成绩（输入负数时结束程序），输出平均成绩和最高分。请补充程序，并上机运行该程序。

```
#include <stdio.h>
int main()
{
  int n=0;
  float s,a,sum=0,max=0;
  scanf("%f",&s);
  while(s>=0)
  {
    if (s>max)____①____;          //改变最大值
     sum+=s;
    ____②____;                    //统计人数
    scanf("%f",&s);
  }
  a=sum/n;
  printf("max=%f,a=%f\n",max,a);
  return 0;
}
```

4．有一堆零件（总数在 100 ～ 200 个之间），若以 4 个零件为一组进行分组，则多 2 个零件；

若以 7 个零件为一组进行分组，则多 3 个零件；若以 9 个零件为一组进行分组，则多 5 个零件，求这堆零件的总数。请补充程序，并上机运行该程序。

分析：用穷举法求解。零件总数 x 从 100 ～ 200 循环试探，如果满足所有几个分组已知条件，那么此时的 x 就是一个解。分组后多几个零件这种条件可以用求余运算获得条件表达式。

```
#include <stdio.h>
int main()
{
  int x,count=0;
  for(x=100;____①____;)
  {
    if (x%4==2 && x%7==3 && x%9==5)
    { count++;
      printf("x=%d\n",x); }
      x++;
  }
  if (____②____) printf("No answer!\n");
  return 0;
}
```

独立编程实验

1．求$s=\sum_{n=1}^{25} n!$。

2．利用$\frac{\pi}{4}=1-\frac{1}{3}+\frac{1}{5}-\frac{1}{7}+\cdots$，求 π 的近似值，直到最后一项的绝对值小于 10^{-6} 为止。

3．[1,100] 间有奇数个不同因子的整数共多少个？其中最大的一个是什么数？

4．设 abcd×e=dcba（a 非 0，e 非 0 非 1），求满足条件的 abcd 与 e。

1.6 常用算法

实验目的

1．掌握累加求和问题的算法。

2．掌握根据整数的一些性质求解数字问题的算法。

3．掌握数值积分的算法（矩形法、梯形法）。

4．掌握求解一元方程根的多种算法（迭代法、二分法）。

模仿编程实验

1．当 x=0.5 时，计算下述级数和的近似值，使其误差小于某一指定的值 ε（例如 $\varepsilon=10^{-6}$）。请补充程序，并上机运行该程序。

$$y = x - \frac{x^3}{3\times 1!} + \frac{x^5}{5\times 2!} - \frac{x^7}{7\times 3!} + \cdots$$

```
#define E 1e-6
#include <stdio.h>
#include <math.h>
int main()
{
   int i,k=1;
   float x,y,t=1,s,r=1;
   printf("Please enter x=");
   scanf("%f",&x);
   for(s=x,y=x,i=2;   ①   ;i++)              // 确定循环的条件
   {
      t=t*(i-1);
      s=s*x*x;
      k=   ②   ;                              // 改变累加项的符号
      r=k*s/t/(2*i-1);
      y=y+r;
   }
   printf("y=%f\n",y);
   return 0;
}
```

2．一个数加上100后是一个完全平方数，再加上168后还是一个完全平方数，求满足该要求的最小整数。请补充程序，并上机运行该程序。

分析：从1开始判断，先将该数加上100后再开方，再将该数加上268后再开方，如果两次开方后的结果满足完全平方数条件，即该数为结果，否则判断下一个整数。

```
#include <stdio.h>
#include <math.h>
int main()
{
   long int i,x,y;
   for(i=1; ;i++)
   {
      x=   ①   ;                    //x 为加上 100 后开方后的结果
      y=   ②   ;                    //y 为再加上 168 后开方后的结果
      if (x*x==i+100 && y*y==i+268)
      {                              // 分析条件满足时要执行什么语句
         printf("%ld\n",i);
         break;
      }
   }
   return 0;
}
```

回答下列问题。

（1）如果将if语句后面“printf("%ld\n",i);”和“break;”两语句前后的“{ }”去掉，程序结果会是什么？这是初学者容易出现的典型错误，请读者特别留意。

（2）用while语句和do-while语句改写程序，并上机运行。

3．用二分法求一元三次方程$2x^3-4x^2+3x-6=0$在 (-10,10) 区间的根。请补充程序，并上机运行该程序。

分析：二分法的基本原理是，若函数有实根，则函数的曲线应在根这一点上与 x 轴有一个交点，在根附近的左右区间内，函数值的符号应相反。利用这一原理，逐步缩小区间的范围，保持在区间的两个端点处的函数值符号相反，就可以逐步逼近函数的根。

```
#include <stdio.h>
#include <math.h>
int main()
{
  float x0,x1,x2,fx0,fx1,fx2;
  do
  {
    printf("Enter x1,x2:");
    scanf("%f,%f",&x1,&x2);
    fx1=2*x1*x1*x1-4*x1*x1+3*x1-6;   // 求出 x1 点的函数值 fx1
    fx2=2*x2*x2*x2-4*x2*x2+3*x2-6;   // 求出 x2 点的函数值 fx2
  }while(___①___);                   //fx1 和 fx2 符号相反，在指定范围内有根
  do
  {
    x0=___②___;                      // 取 x1 和 x2 的中点
    fx0=2*x0*x0*x0-4*x0*x0+3*x0-6;   // 求出中点的函数值 fx0
    if ((fx0*fx1)<0)                 // 若 fx0 和 fx1 符号相反
    {
      x2=x0;                         // 则用 x0 点替代 x2 点
      fx2=fx0;
    }
    else
    {
      x1=x0;                         // 否则用 x0 点替代 x1 点
      fx1=fx0;
    }
  }while(fabs((double)fx0) ___③___);  // 判断 x0 点的函数与 x 轴的距离
  printf("x=%6.2f\n", x0);
  return 0;
}
```

独立编程实验

1．读入一个整数 N，若 N 为非负数，则计算 N 到 2N 之间的整数和；若 N 为负数，则求 2N 到 N 之间的整数和。分别利用 for 循环和 while 循环编写程序。

2．设 $s=1+\frac{1}{2}+\frac{1}{3}+\cdots+\frac{1}{n}$，求与 8 最接近的 s 的值及与之对应的 n 值。

3．已知 $A>B>C$，且 $A+B+C<100$，求满足 $\frac{1}{A^2}+\frac{1}{B^2}=\frac{1}{C^2}$ 的解共有多少组。

4．利用简单迭代求方程 $\cos x-x=0$ 的一个实根，迭代公式为 $x_{n+1}=\cos x_n$。

1.7 函　　数

实验目的

1．掌握C语言中函数的定义和调用方法。

2．掌握函数实参与形参的对应关系以及值传递的参数结合方式。

3．掌握全局变量和局部变量、动态变量和静态变量的概念和使用方法。

4．掌握宏定义的使用方法。

模仿编程实验

1．写出程序的输出结果，然后上机验证。

（1）程序如下：

```
#include <stdio.h>
int main()
{
  int i;
  void f(int);
  for(i=1;i<=4;i++)
    f(i);
  f(i);
  return 0;
}
void f(int j)
{
  static int a=10;
  int b=1;
  b++;
  printf("%d+%d+%d=%d\n",a,b,j,a+b+j);
  a+=10;
}
```

总结：static类型的变量是在编译时赋初值的，即只赋值一次，以后每次调用函数时，不再重新赋初值，而是保留上次函数调用结束时的值。

思考：将f函数中的“static int a=10;”改为“int a=10;”，程序输出结果是什么？

（2）程序如下：

```
#include <stdio.h>
#define FUE(K) K+3.14159
#define PR(a) printf("a=%d\t", (int)(a))
#define PRINT(a) PR(a); putchar('\n')
int main()
```

```
{
    int x=2;
    PRINT(x*FUE(4));
    return 0;
}
```

2．有以下程序：

```
#include <stdio.h>
#define PI 3.1415926
double f1(double r)
{ return 2*PI*r;}
double f2(double r)
{ return PI*r*r;}
int main()
{  double r;
   scanf("%lf",&r);
   printf("%f\n",f1(r));
   printf("%f\n",f2(r));
   return 0;
}
```

按以下两种方式运行程序。

（1）单文件运行方式。和前面一样，将全部程序代码存入一个源程序文件，然后编译、连接和运行。

（2）多文件运行方式。一个程序包含多个源程序文件，则需要在项目中添加多个源程序文件。在编译时，系统会分别对项目中的每个文件进行编译，然后将所得到的目标文件连接成为一个整体，再与系统的有关资源链接，生成一个可执行文件，最后执行这个文件。

按以下内容，分别建立头文件和源程序文件。

头文件 test.h：

```
#define PI 3.1415926
```

源程序文件 tmain.c：

```
#include <stdio.h>
double f1(double r);    // 函数声明
double f2(double r);
int main()
{ double r;
  scanf("%lf",&r);
  printf("%lf\n",f1(r));
  printf("%lf\n",f2(r));
  return 0;
}
```

源程序文件 tf1.c：

```
#include "test.h"
double f1(double r)
{return 2*PI*r;}
```

源程序文件 tf2.c：

```
#include "test.h"
```

```
double f2(double r)
{return PI*r*r;}
```

有以下几点需要说明。

（1）采用单文件方式时，因为f1函数和f2函数是先定义后调用，所以不需要对它们进行声明，而采用多文件方式时，因为f1函数和f2是独立的程序单位，所以在主函数中要加函数声明。

（2）采用多文件方式时，因为各个源程序文件是分别编译的，所以需要在各自程序中添加对应的#include命令。在#include命令中，把文件名用尖括号（<>）括起来，提示预处理程序在一个规定的目录查找该头文件。此目录通常由系统配置决定，其中包含了许多与系统相关的头文件，如stdio.h。如果使用双引号（""）把文件名引起来，提示编译预处理程序首先在C语言源程序文件所在目录中查找该头文件，若找不到则去规定目录中查找。如test.h，这是程序员自己创建的头文件。

3．由键盘输入n，求满足下述条件的x和y：n^x和n^y的末3位数字相同，且$x \neq y$，x、y、n均为自然数，并使x+y为最小。请补充程序，并上机运行该程序。

```
#include <stdio.h>
    ①    ;        //函数声明
int main()
{
  int x,n,min,flag=1;
  scanf("%d",&n);
  for(min=2;flag;min++)
    for(x=1;x<min && flag;x++)
      if (x!=min-x && pow3(n,x)==pow3(n,min-x))
      {
        printf("x=%d,y=%d\n",x,min-x);
        flag=0;
      }
  return 0;
}
int pow3(int n,int x)
{
  int i,last=1;
  for(i=1;i<=x;i++)
    last=last*n;
  last=last%1000;
    ②    last;
}
```

4．按下述递归定义（$m \geqslant 0$，$n \geqslant 0$）编写一个计算阿克曼函数的递归函数。

$$A(m,n)=\begin{cases} n+1 & m=0 \\ A(m-1,1) & n=0 \\ A(m-1,A(m,n-1)) & m\neq 0,\ n\neq 0 \end{cases}$$

请补充程序，并上机运行该程序。

```
#include <stdio.h>
long ack(int m,int n)
{
  long value;
```

```
    if ( ___①___ )
        value=n+1;
    else if (n==0)
        value=ack(m-1,1);
    else
        value= ___②___;
    return value;
}
int main()
{
    int mm,nn;
    long a;
    printf("Please enter m,n: ");
    scanf("%d%d",&mm,&nn);
    a=ack(mm,nn);
    printf("ack(%d,%d)=%ld\n",mm,nn,a);
    return 0;
}
```

独立编程实验

1．编写一个函数求 y=(a-b)(a+b)，主函数用于输入 a、b 的值和输出 y 值。

2．输出 [11,999] 之间的数 m，它满足 m、m^2 和 m^3 均为回文数。回文数是指各位数字左右对称的整数。例如，11 满足上述条件，11^2=121，11^3=1331。

提示：从 m 的最低位开始，依次取出该数的各位数字，按反序重新构成新的数，比较其与原数是否相等，若相等，则原数为回文数。要求定义判断 n 是否为回文数的函数，当 n 是回文数时函数返回 1，否则返回 0。

3．定义递归调用函数求 x^n，在主函数中输入 x 和 n 的值，并调用该函数。

4．已知：

$$y=\frac{f(x,n)}{f(x+2.3,n)+f(x-3.2,n+3)}$$

其中 $f(x,n)=1-\frac{x^2}{2!}+\frac{x^4}{4!}-\cdots+(-1)^n\frac{x^{2n}}{(2n)!}$，（n ≥ 0）。

编写一个函数，然后调用该函数求 y 的值。

1.8 数　　组

实验目的

1．掌握一维数组和二维数组的定义、赋值、数组元素的引用形式和数组的输入输出方法。

2．掌握与数组有关的算法，如查找、插入、删除、排序、矩阵运算等。

3．掌握 C 语言中字符数组和字符串处理函数的使用。

模仿编程实验

1．数组中存放10个整数，要求找出最小的数和它的下标，然后把它和数组中最前面的元素对换位置。请补充程序，并上机运行该程序。

```
#include <stdio.h>
int main()
{
  int i,array[10],min,k=0;
  printf("Please input 10 data\n");
  for(i=0;i<10;i++)
    scanf("%d", ___①___);
  printf("Before exchang:\n");
  for(i=0;i<10;i++)
    printf("%5d",array[i]);
  min=___②___;                    //给最小数变量赋初值
  for(i=1;i<10;i++)
    if (min>array[i])
    {
      min=array[i];
      k=___③___;                  //最小数的下标
    }
  array[k]=array[0];
  array[0]=min;
  printf("After exchange:\n");
  for(i=0;i<10;i++)
    printf("%5d",array[i]);
  printf("k=%d\t min=%d\n",k,min);
  return 0;
}
```

回答下列问题。

（1）程序第4行将k的初值定为0，能否将k的初值定为1或其他值？为什么？

（2）将程序第6、7行作为注释的内容，而改用给数组赋初值的方法输入数据，请修改并运行程序。

2．任意输入两个字符串，分别存放在a、b两个字符数组中，然后将较短的字符串放在a数组中，将较长的字符串放在b数组中，并输出。请补充程序，并上机运行该程序。

```
#include <stdio.h>
#include <string.h>
int main()
{
  char a[10],b[10],ch;
  int c,d,k;
  scanf("%s", ___①___);
  scanf("%s", ___②___);
  printf("a=%s,b=%s\n",a,b);
  c=strlen(a);
  d=strlen(b);
  if (c>d)
  {
```

```
        for(k=0;k<c;k++)
        {
          ch=a[k];a[k]=b[k];b[k]=ch;
        }
        b[k]=___③___;           //字符串结束标志
    }
    printf("a=%s\n",a);
    printf("b=%s\n",b);
    return 0;
}
```

3．设有 4×4 的方阵，其中的元素由键盘输入，求：

（1）主对角线上元素之和。

（2）副对角线上元素之积。

（3）方阵中最大的元素。

请补充程序，并上机运行该程序。

```
#include <stdio.h>
#define N 4
int main()
{
  int ___①___,s1=0,s2=1,max=0,i,j;
  for(i=0;i<N;i++)
    for(j=0;j<N;j++)
      scanf("%d",&a[i][j]);
  max=a[0][0];
  for(i=0;i<N;i++)
  for(j=0;j<N;j++)
  {
    if (___②___) s1+=a[i][j];
    if (i+j==N-1) s2*=a[i][j];
    if (a[i][j]>max) max=a[i][j];
  }
  printf("s1=%d,s2=%d,max=%d\n",s1,s2,max);
  return 0;
}
```

4．下列程序将数组 a 中的每 4 个相邻元素的平均值存放在数组 b 中。请补充程序，并上机运行该程序。

```
#include <stdio.h>
int main()
{
  int a[10],m,n;
  float b[7];
  for(m=0;m<10;m++)
    scanf("%d",&a[m]);
  for(m=0;m<7;m++)
  {
   ___①___;
    for(n=m; ___②___;n++)
      b[m]+=a[n];
   ___③___;
```

```
    }
    for(m=0;m<7;m++)
        printf("%f,",b[m]);
    return 0;
}
```

独立编程实验

1．从键盘输入某班学生程序设计课程考试成绩，评定每个学生的成绩等级。若高于平均分10分，则等级为“优秀”；若低于平均分10分，则等级为“一般”；否则等级为“中等”。

2．写一函数 int f(int x[],int n)，求出20个数中的最大数。

3．输入4×4的数组，求：

（1）对角线上行、列下标均为偶数的各元素的积。

（2）找出对角线上其值最大的元素和它在数组中的位置。

4．对从键盘输入的任意字符串，将其中所有的大写字母改为小写字母，而所有小写字母改为大写字母，其他字符不变。例如：输入“Hello World!”，输出“hELLO wORLD!”。

1.9 指　针

实验目的

1．掌握指针与变量、指针与数组的关系。

2．掌握指针与函数的关系。

3．掌握指针与字符串的关系。

4．掌握动态内存分配的方法。

模仿编程实验

1．输入3个整数，按由小到大的顺序输出，要求用指针实现。请补充程序，并上机运行该程序。

```
#include <stdio.h>
int main()
{
    void swap(int,int);                    //第4行
    int n1,n2,n3;
    int *p1=&n1,*p2=&n2,*p3=&n3;           //确定指针变量所指向的对象
    printf("Input three integer n1,n2,n3:");
    scanf("%d,%d,%d",&n1,&n2,&n3);
    if (n1>n2) swap(p1,p2);
    if (n1>n3) swap(p1,p3);
    if (n2>n3) ____①____;
    printf("%d,%d,%d\n",n1,n2,n3);
```

```
    return 0;
}
void swap(  ②  )
{ int p;
  p=*p1;*p1=*p2;*p2=p;
}
```

回答下列问题。

（1）程序第 4 行是什么语句？有何作用？

（2）程序第 8 行输入语句能否改为“scanf("%d,%d,%d",p1,p2,p3);”？

（3）程序第 12 行输出语句能否改为“printf("%d,%d,%d\n",*p1,*p2,*p3);”或“printf("%d,%d,%d\n",*&n1,*&n2,*&n3);”？

2．下面程序是用指针法将一个字符串 a 复制到字符串 b 中。请补充程序，并上机运行该程序。

```
#include <stdio.h>
int main()
{
  char a[]="I am a student.",b[20],*p1,*p2;
  int i;
  for(p1=a,p2=b;*p1!='\0';  ①  ,  ②  )        // 移动指针
     *p2=*p1;
  p2='\0';
  printf("string a is:%s\n",a);
  printf("string b is:");
  for(i=0;b[i]!='\0';i++)
     printf("%c",*(b+i));
  return 0;
}
```

3．有一个 m×n 整型数组，找出最大值及其所在的行和列。要求用函数求最大值，使用指针实现。请补充程序，并上机运行该程序。

```
#include <stdio.h>
int main()
{
  void mymaxval(int arr[][4],int m,int n);
  int array[3][4],i,j,line,column;
  printf("Input lines of array: ");
  scanf("%d",&line);
  printf("Input column of array: ");
  scanf("%d",&column);
  printf("Input data\n");
  for(i=0;i<line;i++)
     for(j=0;j<column;j++)
        scanf("%d",&array[i][j]);
  printf("\n");
  for(i=0;i<line;i++)
  {
     for(j=0;j<column;j++)
        printf("%5d",array[i][j]);
     printf("\n");
  }
  mymaxval(array,line,column);
```

```
    return 0;
}
void mymaxval(int arr[][4],int m,int n)
{
    int i,j,max,line=0,col=0;
    int ___①___;        // 定义指向一维数组的指针变量
    max=arr[0][0];
    p=arr;
    for(i=0;i<m;i++)
      for(j=0;j<n;j++)
        if (max<*(*(p+i)+j))
        {
          max=___②___;
          line=i;
          col=j;
        }
    printf("The maximum value is %d\n",max);
    printf("The line is %d\n",line);
    printf("The column is %d\n",col);
}
```

4．求前 n 个素数，要求利用动态数组存储。请补充程序，并上机运行该程序。

分析：对任意整数 m，若它不能被小于它的素数整除，则 m 也是素数。引入动态数组 primes[] 来存储前 n 个素数，已求得的素数个数为 pc。输入 N 的值，动态分配数组用来存储素数；primes[0]=2，pc=1；从 m=3 开始，当 pc 小于 N 时循环执行如下，按顺序将已求得的素数 primes[k] 去整除 m，若 m 能被某个 primes[k] 整除，则 m 是合数，让 m 增 2，并重新从第 1 个素数开始对它进行循环。数 m 为素数的条件是存在一个 k，使 primes[0] ～ primes[k-1] 不能整除 m，且 primes[k]*primes[k]>m 成立。

```
#include <stdio.h>
#include <malloc.h>
int main()
{
    int pc,m,k;
    int N;
    int *primes;
    printf("\n Seek the first N prime numbers \n");
    printf("Input N:");
    scanf("%d",&N);
    primes=(___①___)malloc(N*sizeof(int));
    primes[0]=2;
    pc=1;                // 已有一个素数
    m=3;                 // 被测试的数从 3 开始，除 2 外，其余素数均为奇数
    while(pc<N)
    {
      k=0;
      while(primes[k]*primes[k]<=m)
      {
        if (m%primes[k]==0)
        {
```

```
            m___②___;                    //让 m 取下一个奇数
            k=1;
        }
        else
            k++;
    }
    primes[pc++]=m;
    m+=2;
}
for(k=0;k<pc;k++)                //输出 primes[0] 至 primes[pc-1]
    printf("%4d ",primes[k]);
printf("\n\n press any key to quit...\n");
free(primes);
return 0;
}
```

独立编程实验

1．定义函数 float tsum(float *x,int n)，求 n 个数的平均值，在 main 函数中调用该函数构成完整程序，并上机运行。

2．定义函数 void f(float x,int *y,float *z)，将 x 的整数部分存于 y 所指的存储单元，将 x 的小数部分存于 z 所指的存储单元。

3．编写函数 void find(int *a,int n,int *max,int *min)，其功能是在数组 a 的 n 个元素中查找最大元素下标和最小元素下标，并将其分别存放在 max 和 min 所指的存储单元中。在 main 函数中调用 find 函数构成完整程序，并上机运行。

4．编写一个程序，输入月份后，输出该月的英文月名。例如输入 3，则输出“March”，要求用指针数组实现。

1.10 结　构　体

实验目的

1．理解结构体类型的概念，掌握它的定义形式。

2．掌握结构体类型变量的定义和变量成员的引用形式。

3．熟悉结构体类型的应用。

模仿编程实验

1．输入 N 个整数，存储输入的数及对应的序号，并将输入的数按从小到大的顺序进行排列。当两个整数相等时，整数的排列顺序由输入的先后次序决定。例如，输入的第 3 个整数为 5，第

7 个整数也为 5，则将先输入的整数 5 排在后输入的整数 5 的前面。请补充程序，并上机运行该程序。

```
#include <stdio.h>
#define N 10
struct
{
  int no;
  int num;
} ___①___;         // 定义结构体数组
int main()
{
  int i,j,num;
  for(i=0;i<N;i++)
  {
    printf("Enter No. %d:",i);
    scanf("%d",&num);
    for(j=i-1;j>=0 && array[j].num>num;j--)
     array[j+1]=array[j];
     array[j+1].num=num;       // 存储输入的数及对应的序号
     ___②___=i;
  }
  for(i=0;i<N;i++)
    printf("%d=%d,%d\n",i,array[i].num,array[i].no);
  return 0;
}
```

回答下列问题。

（1）结构体类型和结构体变量有何区别？分别如何定义？如何定义结构体数组？

（2）如何引用结构体的成员？

2．按学生的姓名查询其成绩排名和平均成绩。查询时可连续进行，直到输入 0 时结束。请补充程序，并上机运行该程序。

```
#include <stdio.h>
#include <string.h>
#define NUM 4
___①___ student          // 定义结构体类型
{
  int rank;
  char *name;
  float score;
};
struct student stu[]={3,"Lixiao",89.3,4,"Zhangban",78.2,1,"Liuniu",95.1, 2,"Wanwo",90.6};
int main()
{
  char str[10];
  int i;
  do
  {
   printf("Enter a name");
   scanf("%s",str);
   for(i=0;i<NUM;i++)
```

```
        if (strcmp(____②____,str)==0)
        {
            printf("Name :%8s\n",stu[i].name);
            printf("Rank :%3d\n",stu[i].rank);
            printf("Average :%5.1f\n",stu[i].score);
            break;
        }
        if (i>=NUM)
          printf("Not found\n");
    }while(strcmp(str,"0")!=0);
    return 0;
}
```

3．输入 5 个人的姓名、年龄和性别，然后输出。请补充程序，并上机运行该程序。

```
#include <stdio.h>
struct man
{
    char name[20];
    unsigned age;
    char sex[7];
};
int main()
{
    struct man person[5];
    void data_in(struct man *,int);
    void data_out(struct man *,int);
    data_in(person,5);
    data_out(person,5);
    return 0;
}
void data_in(struct man *p,int n)
{
    struct man *q=p+n;
    for(;p<q;p++)
    {
        printf("age:sex:name");
        scanf("%u%s", ____①____ , ____②____ );     // 输入每人的年龄和性别
        gets(p->name);
    }
}
void data_out(struct man *p,int n)
{
    struct man *q=p+n;
    for(;p<q;p++)
        printf("%s;%u;%s\n",p->name,p->age,p->sex);
}
```

4．以下程序用来统计学生成绩，其功能包括输入学生姓名和成绩，按成绩从高到低排列输出，成绩在前 70% 的学生被定为合格（Pass），而成绩在后 30% 的学生被定为不合格（Fail）。请补充程序，并上机运行该程序。

```
#include <stdio.h>
#include <string.h>
typedef struct
{
   char name[30];
   int grade;
}student;
student stu[40];
void sortclass(student [],int);
void swap(student *,student *);
int main()
{
   int ns,cutoff,i;
   printf("number of student: \n");
   scanf("%d",&ns);
   printf("Enter name and grade for each student: \n");
   for(i=0;i<ns;i++)
      scanf("%s%d", ____①____);
   sortclass(stu,ns);
   cutoff=(ns*7)/10-1;
   printf("\n");
   for(i=0;i<ns;i++)
   {
      printf("%-6s%3d",stu[i].name,stu[i].grade);
      if (i<=cutoff)
         printf(" Pass \n");
      else
         printf(" Fail \n");
   }
   return 0;
}
void sortclass(student st[],int nst)
{
   int i,j,pick;
   for(i=0;i<(nst-1);i++)
   {
      pick=i;
      for(j=i+1;j<nst;j++)
         if (st[j].grade>st[pick].grade)
            pick=j;
      swap( ____②____ );
   }
}
void swap(student *ps1,student *ps2)
{
   student temp;
   strcpy(temp.name,ps1->name);
   temp.grade=ps1->grade;
   strcpy(ps1->name,ps2->name);
   ps1->grade=ps2->grade;
   strcpy(ps2->name,temp.name);
   ps2->grade=temp.grade;
}
```

独立编程实验

1. 以结构体变量表示复数，计算两个复数之积，并以复数形式输出结果。

2. 设计一个保存学生情况的结构体，学生情况包括姓名、学号、年龄等信息。输入 5 个学生的情况，输出学生的平均年龄和年龄最小的学生的情况。要求输入和输出分别编写独立的输入函数 input 和输出函数 output。

3. 使用结构体数组输入 10 本书的名称和单价，调用函数按照书名的字母顺序进行排序，在主函数中输出排序结果。

4. 有 10 个学生，每个学生的数据包括学号、姓名和 3 门课程的成绩，从键盘输入每个学生的数据，计算每个学生 3 门课程的平均成绩，计算 10 个学生每门课程的平均成绩，然后要求按学生平均成绩从低到高次序输出每个学生的各课程成绩、3 门课程的平均成绩，最后输出每门课程的平均成绩（采用结构体数组）。

要求用 input 函数输入，用 average1 函数求每个学生 3 门课程的平均成绩，用 average2 函数求 10 个学生每门课程的平均成绩，用 sort 函数对学生进行排序，用 output 函数输出总成绩表。

1.11 链　表

实验目的

1. 加深对结构体类型数据、结构体指针类型数据的认识。
2. 理解链表的概念，熟悉链表的操作。
3. 进一步理解内存动态分配的含义，熟练运用内存动态分配管理函数。

模仿编程实验

1. 读入一行字符 (如 a，b，…，y，z)，按输入时的逆序建立一个链接式的结点序列，即先输入的位于链表尾（如图 1-2 所示），然后按输入的相反顺序输出，并释放全部结点。

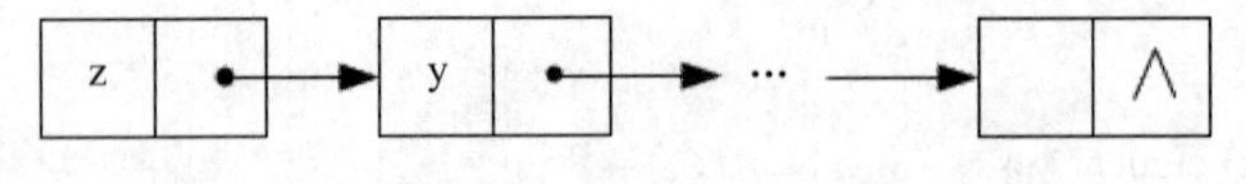

图 1-2　存放字符的链表

```
#include <stdio.h>
int main()
{
  struct node
  {
    char info;
```

```
        struct node *link;
    }*top,*p;
    char c;
    top=NULL;
    while((c=getchar())!='\n')
    {
        p=(struct node *)malloc(sizeof(struct node));
        p->info=c;
        p->link=top;
        top=p;
    }
    while(top)
    {
        p=top;
        top=top->link;
        putchar(p->info);
        free(p);
    }
    return 0;
}
```

2．将指针p2所指向的线性链表串接到p1所指向的链表的末端，假定p1所指向的链表非空。

```
#include <stdio.h>
#include <malloc.h>
struct link
{
    float a;
    struct link *next;
};
struct link * create()
{
    float f;
    struct link *p,*top=NULL;
    scanf("%f",&f);
    while(f >0)        // 当输入数据小于或等于 0 时退出
    {
        p=(struct link *)malloc(sizeof(struct link));
        p->a=f;
        p->next=top;
        top=p;
        scanf("%f",&f);
    }
    return top;
}
void concatenate(struct link *p1,struct link *p2)
{
  if (p1->next==NULL)
    p1->next=p2;
  else
    concatenate(p1->next,p2);
}
```

```
int main()
{
   struct link *head1,*head2,*p;
   head1=create();
   head2=create();
   concatenate(head1,head2);
   p=head1;
   while(head1)
   {
      head1=head1->next;
      printf("%.2f ",p->a);
      free(p);
      p=head1;
   }
   return 0;
}
```

3. 创建一个带有头结点的链表，将头结点返回给主调函数。链表用于存储学生的学号和成绩。新产生的结点总是位于链表的尾部。

```
#include <stdio.h>
#include <malloc.h>
#define LEN sizeof(struct student)
struct student
{
   long num;
   int score;
   struct student *next;
};
struct student *create()
{
   struct student *head=NULL,*tail;
   long num;
   int a;
   tail=(struct student *)malloc(LEN);
   do
   {
      scanf("%ld,%d",&num,&a);
      if (num!=0)
      {
         if (head==NULL)
            head=tail;
         else
            tail=tail->next;
         tail->num=num; tail->score=a;
         tail->next=(struct student *)malloc(LEN);
      }
      else
         tail->next=NULL;
   }while(num!=0);            //当 num 等于 0 时退出
   return head;
```

```
}
int main()
{
struct student *head,*p;
   head=create();
   p=head;
   while(head)
   {
      head=head->next;
      printf("%ld %d\n",p->num,p->score);
      free(p);
      p=head;
   }
   return 0;
}
```

4．下面程序的功能是从键盘输入一个字符串，然后反序输出输入的字符串。请补充程序，并上机运行该程序。

```
#include <stdio.h>
struct node
{
   char data;
   struct node *link;
}*head;
int main()
{
   char ch;
   struct node *p;
   head=NULL;
   while((ch=getchar())!='\n')
   {
      p=(struct node *)malloc(sizeof(struct node));
      p->data=ch;
      p->link=____①____;
      head=____②____;
   }
   ____③____;
   while(p!=NULL)
   {
      printf("%c ",p->data);
      p=p->link;
   }
   return 0;
}
```

独立编程实验

1．建立一个有 5 个结点的单向链表，每个结点包含姓名、年龄和基本工资。编写两个函数，一个用于建立链表，另一个用于输出链表。

2．在第 1 题的基础上，编写插入结点的函数，在指定位置插入一个新结点。

3．在第 1 题的基础上，编写删除结点的函数，在指定位置删除一个结点。

1.12 共用体和枚举

实验目的

1．理解共用体类型和枚举类型的概念，掌握它们的定义形式。

2．掌握共用体类型变量的定义和变量成员的引用形式。

模仿编程实验

1．写出程序的输出结果，然后上机验证。

（1）程序如下：

```
#include <stdio.h>
int main()
{
   enum team{qiaut,cubs=4,pick,dodger=qiaut-2};
   printf("%d, %d, %d, %d\n",qiaut,cubs,pick,dodger);
   return 0;
}
```

（2）程序如下：

```
#include <stdio.h>
int main()
{
   union
   {
     int i[2];
     long k;
     char c[4];
   }r,*s=&r;
   s->i[0]=0x39;
   s->i[1]=0x38;
   printf("%c\n",s->c[0]);
   return 0;
}
```

2．读入两个学生的情况并存入结构体数组。每个学生的情况包括姓名、学号、性别。若是男生，则还登记其视力正常与否（正常用 Y 表示，不正常用 N 表示）；若是女生，则还登记其身高和体重。请补充程序，并上机运行该程序。

```
#include <stdio.h>
struct
{
```

```
    char name[10];
    int number;
    char sex;
    ____①____ body            //男生视力和女生身高、体重存放在同一内存区域
    {
      char eye;
      struct
      {
        int hength;
        int weight;
      }f;
    }body;
  }per[2];
  int main()
  {
    int i;
    for(i=0;i<2;i++)
    {
      scanf("%s %d %c",per[i].name,&per[i].number,&per[i].sex);
      if (per[i].sex=='m')
      {
        fflush(stdin);
        scanf("%c", ____②____);      //输入男生的视力
      }
      else if (per[i].sex=='f')
        scanf("%d %d",&per[i].body.f.hength,&per[i].body.f.weight);
      else printf("input error\n");
    }
    return 0;
  }
```

3．输入两个整型数，一次求出它们的和、差、积并输出。请补充程序，并上机运行该程序。

```
#include <stdio.h>
int main()
{
  int a,b,n;
  enum C{sum,sub,mult};
  scanf("%d%d",&a,&b);
  for(n=sum; ____①____ ;n++)
  {
    switch(n)
    {  case____②____ :printf(" 和为 %d\n",a+b);break;
       case sub:printf(" 差为 %d\n",a-b);break;
       case mult:printf(" 积为 %d\n",a*b);break;
       default:break;
    }
  }
  return 0;
}
```

独立编程实验

1．从红、黄、蓝、绿 4 种颜色中任取 3 种不同的颜色，求共有多少种取法，并输出所有的排列。

2．设某公司对所有职工进行计算机能力考核，规定对 35 岁以下的职工进行笔试，成绩记录为百分制，60 分以下为不及格；对 35 岁（含 35 岁）以上的职工进行上机考核，成绩记录为 a、b、c（规定为 3 种小写字母），c 为不及格。编写程序，输入 10 个职工的考核结果，输出职工编号、姓名和成绩。要求用结构体和共用体类型数据来处理职工数据。

1.13 文　件

实验目的

1．掌握文件和文件指针的概念。

2．熟悉文件操作的基本过程，掌握文件操作函数的使用方法。

模仿编程实验

1．学生成绩数据文件包括学号和 5 门课的成绩，先用 Windows 记事本或 Visual Studio 编辑器建立学生成绩数据文件 std01.dat，然后计算每一个学生的平均成绩和总成绩，将结果输出到 std02.dat 数据文件中。请补充程序，并上机运行该程序。

std01.dat 的内容：

```
9109232801 77 82 78 62 73
9109232802 85 65 67 88 65
9109232803 67 98 96 71 72
9109232804 71 79 73 82 94
9109232805 69 96 60 61 71
9109232806 83 76 84 83 69
9109232807 72 66 61 96 67
9109232808 87 96 94 62 75
9109232809 69 65 83 88 72
9109232810 76 73 59 67 98
```

std02.dat 文件内容是在 std01.dat 文件的每一行加上平均成绩和总成绩之后的内容，参考程序如下：

```
struct SC
{
  char n[10];          // 学号
  int g[5];            // 各科成绩
  int avg;             // 平均成绩
  int total;           // 总成绩
```

```
};
#include <stdio.h>
int main()
{
  FILE *fp_in,*fp_out;
  struct SC sc;
  int i;
  fp_in=____①____;        // 打开输入文件
  if (!fp_in)
  {
    printf("Can't Open the file std01.dat\n");
    exit(1);
  }
  fp_out=fopen("std02.dat","w+");  // 打开输出文件
  if (!fp_out)
  {
   printf("Can't Open the file std02.dat\n");
   fclose(fp_in);
   exit(1);
  }
  while(____②____)                 // 文件尚未读完
  {
  // 从文件中读取一个学生的成绩记录
  fscanf(fp_in,"%s%d%d%d%d%d",sc.n,&sc.g[0],&sc.g[1],&sc.g[2],&sc.g[3],&sc.g[4]);
  sc.total=0;
  for(i=0;i<5;i++)                 // 计算总成绩
    sc.total += sc.g[i];
  sc.avg=sc.total/5;               // 计算平均成绩
  // 将计算好的一个结果写入输出文件中
  if (!feof(fp_in))
    fprintf(fp_out,"%s,%d,%d,%d,%d,%d,%d,%d\n",
    sc.n,sc.g[0],sc.g[1],sc.g[2],sc.g[3],sc.g[4],sc.avg,sc.total);
  }
  fclose(fp_in);
  fclose(fp_out);
  exit(0);
  return 0;
}
```

回答下列问题。

（1）程序执行后，打开 std02.dat 文件，将其和 std01.dat 文件进行对比，分析它们的差异。

（2）std01.dat 和 std02.dat 的打开方式有何不同？

（3）fprintf 函数调用语句前的“if (!feof(fp_in))”有何作用？删除“if (!feof(fp_in))”，输出结果有何变化？

2. 从键盘输入姓名，在文件 try.dat 中查找，若文件中已经存入刚输入的姓名，则显示提示信息；若文件中没有刚输入的姓名，则将该姓名存入文件。要求：

（1）若文件 try.dat 已存在，则保留文件中原来的信息；若文件 try.dat 不存在，则在磁盘上建立一个新文件。

（2）当输入的姓名为空时（长度为 0），结束程序。

请补充程序，并上机运行该程序。

```
#include <stdio.h>
#include <stdlib.h>
#include <string.h>
int main()
{
  ____①____ *fp;      // 定义文件类型指针变量
  int flag;
  char name[30],data[30];
  if ((fp=fopen("try.dat","a+"))==NULL)
  {
    printf("Open file error\n");
    exit(0);
  }
  do
  {
    printf("Enter name:");
    gets(name);
    if (strlen(name)==0)break;
    strcat(name,"\n");
    rewind(fp);
    flag=1;
    while(flag&&(fgets(data,30,fp)!=NULL))
      if (strcmp(data,name)==0)
        flag=0;
     if (flag)
       fputs(name,fp);
    else
      printf("\tThe name has existed !\n");
  }while(ferror(fp)==0);
  ____②____;
  return 0;
}
```

3．将磁盘上的一个文件复制到另一个文件中，两个文件名在命令行中给出。请补充程序，并上机运行该程序。

```
#include <stdio.h>
#include <stdlib.h>
int main(int argc,char *argv[])
{
  FILE *f1,*f2;
  char ch;
  if (argc<3)
  {
    printf("The command line error!");
    exit(0);
  }
  f1=fopen(argv[1],"r");
  f2=fopen(argv[2],"w");
```

```
    while((ch=fgetc(f1)) ____①____ )
        fputc(ch,f2);
    fclose(f2);
    fclose(f1);
    return 0;
}
```

4．将从终端上读入的 10 个整数以二进制方式写入名为 bi.dat 的新文件中。请补充程序，并上机运行该程序。

```
#include <stdio.h>
#include <stdlib.h>
FILE *fp;
int main()
{
    int i,j;
    if ((fp=fopen("bi.dat","wb"))== ____①____ ) exit(0);
    for(i=0;i<10;i++)
    {
        scanf("%d",&j);
        fwrite(&j,sizeof(int),1,fp);
    }
    fclose(fp);
    return 0;
}
```

独立编程实验

1．从键盘输入一个字符串，将其中的小写字母全部转换为大写字母，然后将其输出到一个磁盘文件 test 中保存。输入的字符串以 "!" 结束。

2．从文件中读取数据到数组，求奇数的方差。有以下几个要求。

（1）函数 ReadDat 用于从文件 file_in.dat 中读取 1000 个十进制整数到数组 xx 中。原始数据文件存放的格式为每行存放 10 个数，并用空格隔开（每个数均大于 0 且小于或等于 2000）。

（2）函数 Compute 分别计算出 xx 中奇数的个数 odd、偶数的个数 even、奇数的平均值 ave1，偶数的平均值 ave2，以及所有奇数的方差 totfc。计算方差的公式为：

$$\text{totfc}=\frac{1}{N}\sum_{i=1}^{N}(xx[i]-\text{ave1})^2$$

其中，N 为奇数的个数；$xx[i]$ 为奇数；ave1 为奇数的平均值。

（3）函数 WriteDat 把结果输出到 file_out.dat 文件中。

3．用文本编辑软件建立一个名为 d1.dat 的文本文件并将其存入磁盘，文件中有 18 个数。从磁盘上读入该文件，并用文件中的前 9 个数和后 9 个数分别作为两个 3×3 矩阵的元素。求这两个矩阵的和，并把结果按每行 3 个数据写入文本文件 d2.dat。用文本编辑软件显示 d2.dat。

4．在文件 data_in.dat 中存储一篇英文文章，文件存放格式是每行宽度均小于 80 个字符，其中包括标点符号和空格，行数不超过 50 行。要求以行为单位把字符串中所有小写字母 o 左边的字符串移到该串的右边，然后把小写字母 o 删除，将最后的处理结果输出到文件 data_ out.dat 中。

例如原文为：

```
You are perfect.
This is the correct record.
```

倒置后：

```
u are perfect.Y
rd.This is the crrect rec
```

提示：对文章每一行，从头至尾扫描，每遇到字母 o，都将 o 后的每个字符向前移一个位置（相当于删除字母 o），记录最后一个字母 o 出现的位置 index，将包括索引 index 之后的所有字符依次循环右移，实现将包括 index 之后的字符移入本行的首部（相当于将所有字母 o 左右两边的字符串置换），最后将转换后的文件输出到 data_out.dat 中。

1.14　综合程序设计

实验目的

1．加深对 C 语言程序设计所学知识的理解，学会编写结构清晰、风格良好、数据结构适当的 C 语言程序。

2．掌握一个实际应用项目的分析、设计以及实现的过程，进行软件设计与开发的初步训练。

3．本实验内容可以作为课程设计的内容。

模仿编程实验

综合程序设计要求独立完成有一定工作量的程序设计任务，同时强调程序设计风格。为了能更好地完成设计任务，必须了解并遵照基本的实验步骤。本综合程序设计的基本步骤包括以下几个。

（1）分析问题及确定解决方案。充分分析和理解问题本身，弄清设计要求。在确定解决方案框架的过程中，综合考虑系统功能，考虑怎样使系统结构清晰、合理、简单和易于调试。最后确定系统的功能模块以及模块之间的调用关系。

要充分利用模块化的设计思想，每一个模块用一个函数来实现，不要整个程序只有一个主函数。由于所选择的问题具有一定的综合性或应用背景，有些算法可能是未曾学习过的，所以要求在设计过程中能查阅相关的文献资料，包括网上的资料。

（2）详细设计。确定每一个模块的算法流程，画出流程图。

（3）编写程序。在确定算法流程的基础上进行代码设计，即编写程序。每一个功能模块的程序代码不要太长，以便于调试。

（4）上机前程序静态检查。上机前程序静态检查可有效提高调试效率，减少上机调试程序时的无谓错误。静态检查主要有两种途径，一是用一组测试数据手工执行程序；二是通过阅读或给别人讲解自己的程序而深入全面地理解程序逻辑，把程序中的明显错误事先排除。

（5）上机调试程序。先分模块进行调试，再将各模块组装起来进行调试。必要时需要借助一些调试手段和调试工具。

（6）完成设计报告。设计报告是设计的重要文档，通常包括如下内容。

1）问题描述：设计任务及系统需求。

2）系统设计：系统的功能模块结构、各模块的功能；各功能模块的设计思路、主要算法思想（算法流程图或伪代码）。

3）系统调试：调试过程中遇到的主要问题、解决的办法；对设计和编码的回顾讨论和分析；改进思想；收获与体会等。

4）参考文献：按照标准的格式要求列出参考文献。

5）附录：源程序清单和结果。若题目规定了测试数据，则结果要包含这些测试数据和运行输出，当然还可以包含其他测试数据和运行输出。

1．线性方程组求解问题。

一物理系统可用下列线性方程组来表示：

$$\begin{bmatrix} m_1\cos\theta & -m_1 & -\sin\theta & 0 \\ m_1\sin\theta & 0 & \cos\theta & 0 \\ 0 & m_2 & -\sin\theta & 0 \\ 0 & 0 & -\cos\theta & 1 \end{bmatrix}\begin{bmatrix} a_1 \\ a_2 \\ N_1 \\ N_2 \end{bmatrix}=\begin{bmatrix} 0 \\ m_1 g \\ 0 \\ m_2 g \end{bmatrix}$$

从文件中读入 m_1、m_2 和 θ 的值，求 a_1、a_2、N_1 和 N_2 的值。其中 g 取 9.8，输入 θ 时以角度为单位。

有以下几个要求。

（1）选择一种方法（如高斯消去法、矩阵求逆法、三角分解法、追赶法等），编写求解线性方程组 $\boldsymbol{A}x=\boldsymbol{B}$ 的函数，要求该函数能求解任意阶线性方程组。具体方法可参考有关计算方法方面的文献资料。

（2）在主函数中调用上面定义的函数来求解。

分析：可以参考用高斯消去法求解 n 阶线性方程组 $\boldsymbol{A}x=\boldsymbol{B}$ 的程序。算法思路如下：

首先输入系数矩阵 $\boldsymbol{A}$、阶数 n 及值向量 $\boldsymbol{B}$，接着对于 k=0 ～ n-2，从 $\boldsymbol{A}$ 的第 k 行、第 k 列开始的右下角子矩阵中选择绝对值最大的元素作为主元素，每行分别除以主元素，使主元素为 1，消去主元素右边的系数；最后利用最后一行方程求解出解向量的最后分量，回代依次求出其余分量，输出结果。

```
#include <stdlib.h>
#include <math.h>
#include <stdio.h>
#define MAX 255
int Guass(double a[],double b[],int n)
{
  int *js,l,k,i,j,is,p,q;
  double d,t;
  js=malloc(n*sizeof(int));
  l=1;
```

```
    for(k=0;k<=n-2;k++)
    {
      d=0.0;
      // 下面是换主元部分，即从系数矩阵 A 的第 k 行、第 k 列
      // 之下的部分选出绝对值最大的元素，交换到对角线上
      for(i=k;i<=n-1;i++)
        for(j=k;j<=n-1;j++)
        {
          t=fabs(a[i*n+j]);
          if (t>d)
          {
            d=t;js[k]=j;is=i;
          }
        }
      // 主元为 0 时
      if (d+1.0==1.0) l=0;
      // 主元不为 0 时
      else
      {
        if (js[k]!=k)
         for(i=0;i<=n-1;i++)
         {
           p=i*n+k;q=i*n+js[k];
           t=a[p];a[p]=a[q];a[q]=t;
         }
         if (is!=k)
         {
           for(j=k;j<=n-1;j++)
           {
             p=k*n+j;q=is*n+j;
             t=a[p];a[p]=a[q];a[q]=t;
           }
           t=b[k];b[k]=b[is];b[is]=t;
         }
      }
      if (l==0)
      {
        free(js);
        printf("fail\n");
        return 0;
      }
      d=a[k*n+k];
      // 下面为归一化部分
      for(j=k+1;j<=n-1;j++)
      {
        p=k*n+j;
        a[p]=a[p]/d;
      }
      b[k]=b[k]/d;
      // 下面为矩阵 A、B 消元部分
```

```
        for(i=k+1;i<=n-1;i++)
        {
          for(j=k+1;j<=n-1;j++)
          {
            p=i*n+j;
            a[p]=a[p]-a[i*n+k]*a[k*n+j];
          }
          b[i]=b[i]-a[i*n+k]*b[k];
        }
      }
      d=a[(n-1)*n+n-1];
      // 矩阵无解或有无限多解
      if (fabs(d)+1.0==1.0)
      {
        free(js);
        printf(" 该矩阵为奇异矩阵 \n");
        return 0;
      }
      b[n-1]=b[n-1]/d;
      // 下面为迭代消元部分
      for(i=n-2;i>=0;i--)
      {
        t=0.0;
        for(j=i+1;j<=n-1;j++)
            t=t+a[i*n+j]*b[j];
        b[i]=b[i]-t;
      }
      js[n-1]=n-1;
      for(k=n-1;k>=0;k--)
        if (js[k]!=k)
        {
            t=b[k];b[k]=b[js[k]];b[js[k]]=t;
        }
      free(js);
      return 1;
    }
    int main()
    {
      int i,n;
      double A[MAX];
      double B[MAX];
      printf(" >> Please input the order n (>1): ");
      scanf("%d",&n);
      printf(" >> Please input the %d elements of matrix A(%d*%d):\n",n*n,n,n);
      for(i=0;i<n*n;i++)
        scanf("%lf",&A[i]);
      printf(" >> Please input the %d elements of matrix B(%d*1):\n",n,n);
      for(i=0;i<n;i++)
        scanf("%lf",&B[i]);
      // 调用 Guass 函数，1 为计算成功
```

```
    if (Guass(A,B,n)!=0)
      printf(" >> The solution of Ax=B is x(%d*1):\n",n);
    for(i=0;i<n;i++)
      printf("x(%d)=%f ",i,B[i]);                // 打印结果
    puts("\n Press any key to quit...");
    return 0;
}
```

2．学生成绩管理程序。

编写一个菜单驱动的学生成绩管理程序，要求如下：

（1）能输入并显示 n 个学生的 m 门课程的成绩、总成绩和平均成绩。

（2）按总成绩由高到低进行排序。

（3）任意输入一个学号，能显示该学生的姓名、各门课程的成绩。

```
#include <stdio.h>
#include <string.h>
#include <stdlib.h>
#define STU_NUM 40              // 最多的学生人数
#define COURSE_NUM 10           // 最多的考试科目
struct student
{
  int number;                   // 每个学生的学号
  char name[10];                // 每个学生的姓名
  int score[COURSE_NUM];        // 每个学生 m 门课程的成绩
  int sum;                      // 每个学生的总成绩
  float average;                // 每个学生的平均成绩
};
typedef struct student STU;
void AppendScore(STU *head,int n,int m)
// 向结构体数组添加学生的学号、姓名和成绩等信息
//head 指向存储学生信息的结构体数组的首地址
//n 表示学生人数，m 表示考试科目
{
  int j;
  STU *p;
  for(p=head;p<head+n;p++)
  {
    printf("\nInput number:");
    scanf("%d",&p->number);
    if (p->number>0)
    {
      printf("Input name:");
      scanf("%s",p->name);
      for(j=0;j<m;j++)
      {
        printf("Input score%d:",j+1);
        scanf("%d",p->score+j);
      }
    }
    else
```

```
        {
            printf("student's number Input error!\n");
            exit (1);
        }
    }
}
void PrintScore(STU *head,int n,int m)
// 输出 n 个学生的学号、姓名和成绩等信息
//head 指向存储学生信息的结构体数组的首地址
//n 表示学生人数，m 表示考试科目
{
    STU  *p;
    int  i;
    char str[100]={'\0'},temp[3];
    strcat(str,"Number    Name  ");
    for(i=1;i<=m;i++)
    {
        strcat(str,"Score");
        itoa(i,temp,10);
        strcat(str,temp);
        strcat(str," ");
    }
    strcat(str,"    sum  average");
    printf("%s",str);                    // 输出表头
    // 输出 n 个学生的信息
    for(p=head;p<head+n;p++)
    {
        printf("\nNo.%3d%8s",p->number,p->name);
        for(i=0;i<m;i++)
            printf("%7d",p->score[i]);
        printf("%11d%9.2f\n",p->sum,p->average);
    }
}
void  TotalScore(STU *head,int n,int m)
// 计算每个学生的 m 门课程的总成绩和平均成绩
//head 指向存储学生信息的结构体数组的首地址
//n 表示学生人数，m 表示考试科目
{
    STU *p;
    int i;
    for(p=head;p<head+n;p++)
    {
        p->sum=0;
        for(i=0;i<m;i++)
            p->sum=p->sum+p->score[i];
        p->average=(float)p->sum/m;
    }
}
void  SortScore(STU *head,int n)
// 用选择法按总成绩由高到低排序
```

```
//head 指向存储学生信息的结构体数组的首地址
//n 表示学生人数
{
  int i,j,k;
  STU temp;
  for(i=0;i<n-1;i++)
  {
    k=i;
    for(j=i;j<n;j++)
    {
      if ((head+j)->sum>(head+k)->sum)
          k=j;
    }
    if (k!=i)
    {
      temp=*(head+k);
      *(head+k)=*(head+i);
      *(head+i)=temp;
    }
  }
}
int SearchNum(STU *head,int num,int n)
// 查找学生的学号
//head 指向存储学生信息的结构体数组的首地址
//num 表示要查找的学号，n 表示学生人数
// 函数返回值：若找到学号，则返回它在结构体数组中的位置，否则返回 -1
{
  int i;
  for(i=0;i<n;i++)
    if ((head+i)->number==num)   return i;
  return -1;
}
void SearchScore(STU *head,int n,int m)
// 按学号查找学生成绩并显示查找结果
//head 指向存储学生信息的结构体数组的首地址
//n 表示学生人数，m 表示考试科目
// 函数返回值：无
{
  int number,findNo;
  printf("Please Input the number you want to search:");
  scanf("%d",&number);
  findNo=SearchNum(head,number,n);
  if (findNo==-1)
    printf("\nNot found!\n");
  else
    PrintScore(head+findNo,1,m);
}
char Menu(void)
// 显示菜单并获得用户键盘输入的选项
{
```

```
    char ch;
    printf("\nManagement for Students' scores\n");
    printf(" 1.Append   record\n");
    printf(" 2.List     record\n");
    printf(" 3.Search   record\n");
    printf(" 4.Sort     record\n");
    printf(" 0.Exit\n");
    printf("Please Input your choice:");
// 在 %c 前面加一个空格，将存于缓冲区中的回车符读入
    scanf(" %c",&ch);
    return ch;
}
int main()
{
    char ch;
    int m,n;
    STU stu[STU_NUM];
    memset(stu,0,sizeof(stu));
    printf("Input student number and course number(n<40 m<10):");
    scanf("%d %d",&n,&m);
    while(1)
    {
        ch=Menu();                          // 显示菜单，并读取用户输入
        switch(ch)
        {
          case '1':
              AppendScore(stu,n,m);         // 调用成绩添加模块
              TotalScore(stu,n,m);
              break;
          case '2':
              if (stu[0].number>0)
                  PrintScore(stu,n,m);      // 调用成绩显示模块
              else
                  printf("Not found student's number!\n");
              break;
          case '3':
              SearchScore(stu,n,m);         // 调用按学号查找模块
              break;
          case '4':
              SortScore(stu,n);             // 调用成绩排序模块
              printf("\nSorted result\n");
              PrintScore(stu,n,m);          // 显示成绩排序结果
              break;
          case '0':
              exit(0);
              printf("End of program!");    // 退出程序
              break;
          default:
              printf("Input error!");
              break;
```

```
        }
    }
    return 0;
}
```

独立编程实验

1．线性病态方程组问题。

下面是一个线性病态方程组：

$$\begin{bmatrix} 1/2 & 1/3 & 1/4 \\ 1/3 & 1/4 & 1/5 \\ 1/4 & 1/5 & 1/6 \end{bmatrix} \begin{bmatrix} x_1 \\ x_2 \\ x_3 \end{bmatrix} = \begin{bmatrix} 0.95 \\ 0.67 \\ 0.52 \end{bmatrix}$$

（1）求方程的解。

（2）将方程右边向量元素 b_3(0.52) 改为 0.53，再求解，并比较 b_3 的变化和解的相对变化。

（3）计算系数矩阵 $\boldsymbol{A}$ 的条件数并分析结论。

矩阵 $\boldsymbol{A}$ 的条件数等于 $\boldsymbol{A}$ 的范数与 $\boldsymbol{A}$ 的逆矩阵的范数的乘积，即 $\text{cond}(\boldsymbol{A}) = \|\boldsymbol{A}\| \cdot \|\boldsymbol{A}^{-1}\|$。这样定义的条件数总是大于 1 的。条件数越接近于 1，矩阵的性能越好，反之，矩阵的性能越差。矩阵 $\boldsymbol{A}$ 的条件数 $\text{cond}(\boldsymbol{A}) = \|\boldsymbol{A}\| \cdot \|\boldsymbol{A}^{-1}\|$，其中 $\|\boldsymbol{A}\| = \max\limits_{1 \leqslant j \leqslant n} \left\{ \sum\limits_{i=1}^{m} |a_{ij}| \right\}$，$a_{ij}$ 是矩阵 $\boldsymbol{A}$ 的元素。

有以下几个要求。

（1）方程的系数矩阵、常数向量均从文件中读入。

（2）定义求解线性方程组 $Ax=B$ 的函数，要求该函数能求解任意阶线性方程组，具体方法可参考有关计算方法方面的文献资料。

（3）在主函数中调用函数求解。

分析：可以参考 $n \times n$ 矩阵求逆的程序。采用高斯—约当全选主元法，算法思路如下：

首先输入 $n \times n$ 阶矩阵 $\boldsymbol{A}$，接着对于 k=0 ～ n-1，从第 k 行、第 k 列开始的右下角子矩阵中选取绝对值最大的元素，并记住此元素所在的行号和列号，再通过行交换和列交换将它交换到主元素位置上。这一步被称为全选主元，方法如下：

```
a(k,k)=1/a(k,k)                                    // 主元素取倒数作为新的主元素
a(k,j)=a(k,j)*a(k,k)，j=0,1,...,n-1，j ≠ k          //k 行非主元素都乘以主元素
a(i,j)=a(i,j)-a(i,k)*a(k,j)，i,j=0,1,...,n-1，i,j ≠ k
// 非 k 行 k 列的值减去其相应的行 k 列与相应列 k 行值的乘积
a(i,k)=-a(i,k)*a(k,k)，i=0,1,...,n-1，i ≠ k          // 非 k 列的值乘以主元素再取反
```

最后，根据在全选主元过程中所记录的行、列交换的信息进行恢复。恢复的原则如下：在全选主元过程中，先交换的行（列）后进行恢复；原来的行（列）交换用列（行）交换来恢复。

2．堆栈是一种数据结构，它的工作原理类似于弹匣：子弹从一端压入，从同一端射出。后压入的子弹先射出，先压入的子弹后射出，即遵循“后进先出”规则。堆栈结构可用链表实现。设计一个链表结构，其中包含两个成员：一个存放数据，另一个存放指向下一个结点的指针。当有新数据要放入堆栈，即“压栈”时，动态建立一个链表的结点，并将其连接到链表的末尾；当从堆栈中取出一数据，即“出栈”时，这意味着从链表最末结点取出该结点的数据成员，然

后删除该结点，释放其所占内存。堆栈不允许在链表中间添加、删除结点，只能在链表的末尾添加和删除结点。试用链表方法实现堆栈结构。

3. 八皇后问题。将八个皇后棋子放在一个 8×8 国际象棋棋盘上，要求每两个皇后不能处在同一行、同一列或45° 斜线上。一个完整无冲突的八皇后棋子分布被称为八皇后问题的一个解，编写程序实现八皇后问题的所有可能输出。

分析：采用回溯，即逐次试探的方法解决该问题。首先在棋盘第 1 行摆放第 1 个皇后，然后依次在第 2 行、第 3 行摆放第 2 个、第 3 个皇后，每摆放一个皇后都必须判断其位置是否合法，若合法，则递归摆放下一个皇后；若不合法，则在本行下一个位置尝试，若所有位置尝试失败，则先取掉该皇后，重新摆放上一个皇后的位置。也就是说，若第 n 个皇后摆放失败，则向上回溯，重新摆放第 n-1 个皇后的位置。直到所有皇后摆放完毕，此即八皇后问题的其中一解，输出该解。当递归调用条件不成立时，则所有可能解全部被输出。

第2章

常用算法设计

算法（algorithm）是计算机解题的方法和步骤。算法设计是学习 C 程序设计的难点，也是学习的重点。初学者遇到的普遍问题是，碰到一个问题后不知从何下手，难以建立起明确的编程思路。针对这一普遍问题，本章根据教学基本要求，将常见的程序设计问题分为累加与累乘问题、数字问题、数值计算问题、数组的应用、函数的应用和解不定方程 6 类，分别总结每一类程序设计问题的思路，以引导读者掌握基本的程序设计方法和技巧。

2.1 累加与累乘问题

累加与累乘问题是最典型、最基本的一类问题，实际应用中很多问题都可以归结为累加与累乘问题。先看累加问题。

累加的数学递推式如下：

$$s_0=0$$

$$s_i=s_{i-1}+x_i\ (i=1,2,3,\cdots,n)$$

其含义是第 i 次的累加和 s_i 等于第 i-1 次时的累加和 s_{i-1} 加上第 i 次时的累加项 x_i。从循环的角度讲，即本次循环的 s 值等于上一次循环时的 s 值加上本次循环的 x 值，这可用下列赋值语句来实现：

```
s=s+x;
```

显然，上述赋值语句重复执行若干次后，s 的值即若干个数之和。

特例 1　当 x_i 恒为 1 时，即 $s_i=s_{i-1}+1$，s 用于计数。

特例 2　当 $x_0=0$，且 $x_i=x_{i-1}+1$（$i=1,2,3,\cdots,n$）时，s 为 $1+2+3+\cdots+n$ 的值。

再看累乘问题，其数学递推式如下：

$$p_0=1$$

$$p_i=p_{i-1}\times x_i\ (i=1,2,3,\cdots,n)$$

其含义是第 i 次的累乘积 p_i 等于第 i-1 次时的累乘积 p_{i-1} 乘以第 i 次时的累乘项 x_i。从循环的角度讲，即本次循环的 p 值等于上一次循环时的 p 值乘以本次循环的 x 值，这可用下列赋值语句来实现：

```
p=p*x;
```

显然，上述赋值语句重复执行若干次后，p 的值即若干个数之积。

特例 1　当 $x_1=x_2=\cdots=x_{n-1}=x_n=x$ 时，p 的值为 x^n。

特例 2　当 $x_0=0$，且 $x_i=x_{i-1}+1$（$i=1,2,3,\cdots,n$）时，p 的值为 $n!$。

递推问题常用迭代方法来处理，即赋值语句“s=s+x;”或“p=p*x;”循环执行若干次。相应的算法设计思路如下。

（1）写出循环体中需要重复执行的部分。这一部分要确定两个内容，一是求每次要累加或累乘的数，二是迭代关系 s=s+x 或 p=p*x。

（2）确定终止循环的方式。一般有事先知道循环次数的计数循环和事先不知道循环次数的条件循环两种方式，依具体情况而定。计数循环可用一个变量来计数，当达到一定循环次数后就退出循环。条件循环可根据具体情况确定一个循环的条件，当循环条件不满足时就退出循环。

（3）确定循环初始值，即第 1 次循环时迭代变量的值。

（4）重新检查，以保证算法正确无误。

一般而言，这一类问题的算法流程图基本类似，累加问题的算法流程图如图 2-1 所示。

赋初值
当循环条件满足时
求累加项 x
s=s+x
输出 s

图 2-1　累加问题的算法流程图

【例 2-1】已知 $s=\sum_{i=1}^{n}\frac{2}{(4i-3)(4i-1)}$，分别求：

（1）当 n 取 1000 时，s 的值。

（2）$s<0.78$ 时的最大 n 值和与此时 n 值对应 s 的值。

（3）直到累加项小于 10^{-4} 为止 s 的值。

分析：情况（1）属于循环次数已知的循环结构，不难画出流程图，如图 2-2（a）所示。情况（2）、情况（3）两种属于循环次数未知的循环结构，根据图 2-1 所示的流程图得到流程图分别如图 2-2（b）和图 2-2（c）所示。

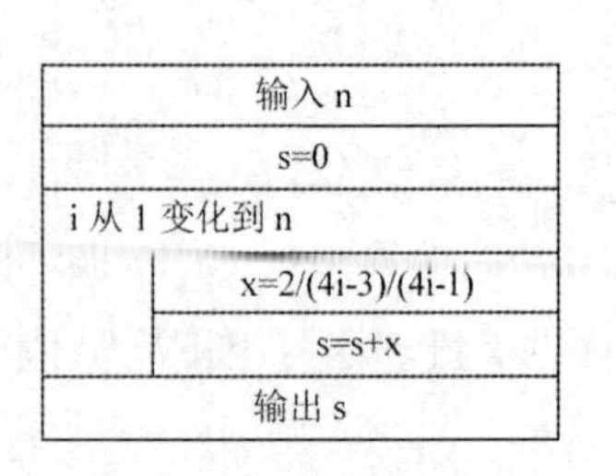

（a）情况（1）

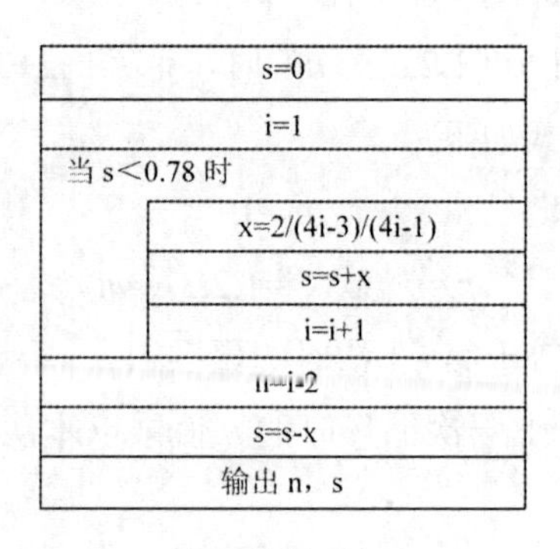

（b）情况（2）

s=0
i=1
x=2/(4i-3)/(4i-1)
s=s+x
i=i+1
直到 $x<10^{-4}$ 为止
输出 s

（c）情况（3）

图 2-2　求 s 值的流程图

根据上述流程图不难分别写出如下所示的程序代码。

程序（1）：

```
#include <stdio.h>
int main()
{
  int i,n;
  double x,s=0;
  printf(" 请输入 n 的值 :");
  scanf("%d",&n);
  for(i=1;i<n+1;i++)
  {
    x=2.0/(4*i-3)/(4*i-1);
    s+=x;
  }
  printf("s=%lf\n",s);
  return 0;
}
```

程序运行结果如下：

```
请输入n的值:1000↙
s=0.785273
```

程序（2）：

```
#include <stdio.h>
int main()
{
   float x,s=0.0;
   int n,i=1;
   while(s<0.78)
   {
      x=2.0/(4.0*i-3.0)/(4.0*i-1.0);
      s+=x;
      i++;
   }
   n=i-2;
   s-= x;
   printf("When the n equals to %d,the S is %f.\n",n,s);
   return 0;
}
```

程序运行结果如下：

```
When the n equals to 23, the S is 0.779964.
```

程序（3）：

```
#include <stdio.h>
int main()
{
   int i=1;
   double x,s=0;
   x=2.0/(4.0*i-3.0)/(4.0*i-1.0);
   for(;x>=1e-4;)
   {
     s+=x;
     i++;
     x=2.0/(4.0*i-3.0)/(4.0*i-1.0);
   }
   printf("s=%lf\n",s);
   return 0;
}
```

程序运行结果如下：

```
s=0.781827
```

【例2-2】已知$S=\sum_{i=1}^{N}\frac{\sin(x_i+y_i)}{1+\sqrt{x_i y_i}}$，从键盘输入$N$的值，求$S$的值。

其中，$x_i=\begin{cases} i & （i\text{为奇数}）\\ \frac{i}{2} & （i\text{为偶数}）\end{cases}$，$y_i=\begin{cases} i^2 & （i\text{为奇数}）\\ i^3 & （i\text{为偶数}）\end{cases}$。

程序如下：

```
#include <stdio.h>
#include <math.h>
```

```
int main()
{
   int i=0,N=0;
   float xi,yi,S=0.0;
   scanf("%d",&N);
   for(i=1;i<=N;i++)
   {
      if (i%2==0)
         {xi=i/2; yi=i*i*i;}
      else
         {xi=i; yi=i*i;}
      S+=sin(xi+yi)/(1.0+sqrt(xi*yi));
   }
   printf("When N=%d, the S=%f\n",N,S);
   return 0;
}
```

程序运行结果如下：

```
30 ↙
When N=30,the S=0.375001
```

【例 2-3】求$y = f(1) + f(2) + \cdots + f(n)$，其中$f(n) = (-1)^n \sqrt{2n^2 + 1}$。

（1）当 n=50 时，y 的值是多少？

（2）当 n=100 时，y 的值是多少？

程序如下：

```
#include <stdio.h>
#include <math.h>
int main()
{
   int n,i;
   double y=0.00,j=-1;
   scanf("%d", &n);
   for(i=1;i<n+1;i++)
   { y+=j*sqrt(2.0*i*i+1.0);
     j*=-1;
   }
   printf("y=%lf\n",y);
   return 0;
}
```

程序运行结果如下：

```
50 ↙
y=35.145424
100 ↙
y=70.499022
```

【例 2-4】输入 x 的值，按下列算式计算 $\cos x$：

$$\cos x = 1 - \frac{x^2}{2!} + \frac{x^4}{4!} - \frac{x^6}{6!} + \cdots$$

直到最后一项的绝对值小于 10^{-5} 为止。

程序如下：

```
#include <stdio.h>
#include <math.h>
```

```
#define LIMIT 1e-5
#define PI 3.1415926
double Rank(int);
int main()
{
   double x=0.0,cosx=0.0,copyx=0.0;
   int j=0,i=0;
   scanf("%lf",&x);
   copyx=x;
   x=x*PI/180.0;
   do
   {
     if (j%2==0)
         cosx+=(double)pow(x,i)/Rank(i);
     else
         cosx-=(double)pow(x,i)/Rank(i);
     i+=2;
     j++;
   }while(fabs((double)pow(x,i)/(double)Rank(i))>=LIMIT);
   printf("When x=%lf,the cosx=%lf\n",copyx,cosx);
   return 0;
}
double Rank(int n)
{
if (n==0)
      return 1.0;
   else
      return (double)n*Rank(n-1);
}
```

程序运行结果如下：

```
47↙
When x=47.00000,the cosx=0.681993
```

2.2 数字问题

数字问题主要研究整数的一些自身性质与相互关系。处理过程中常常要用到求余数、分离数字及判断整除等技巧，务必熟练掌握。

（1）判断一个整数 m 能否被另一个整数 n 整除。

方法 1：若 m%n 的值为 0，则 m 能被 n 整除，否则不能。

方法 2：若 m-m/n*n 的值为 0，则 m 能被 n 整除，否则不能。

（2）分离自然数 m 各位的数字。

m%10 的值是 m 的个位数字，m/10%10 的值是 m 的十位数字，依次类推，可以得到 m 的更高位数字。

数字问题的提法往往是求某一范围内符合某种条件的数。这一类问题的算法设计思路如下。

（1）考虑判断一个数是否满足条件的算法，有时可以直接用一个关系表达式或逻辑表达式来判断，例如判断一个数是否为奇数、偶数。但更多的情况无法直接用一个条件表达式来判断，这时可根据定义利用一个循环结构进行判断，例如判断一个数是否为素数。

（2）在指定范围内重复执行“判断一个数是否满足条件”的程序段，从而求得指定范围内全部符合条件的数。这里用的方法是穷举。

一般而言，数字问题算法流程图基本框架如图 2-3 所示。

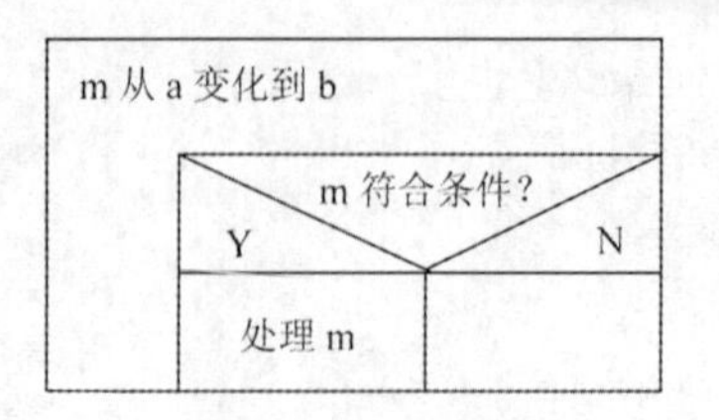

图 2-3　数字问题算法流程图的基本框架

【例 2-5】考察 [1000,2000] 范围内的全部素数，求：

（1）最小的素数。

（2）由小到大第 100 个素数。

（3）全部素数之和。

程序如下：

```
#include <stdio.h>
int main()
{
int i,j,count=0;long s=0;
   for(i=1000;i<2001;i++)
   {
      for(j=2;j<i;j++)
         if (i%j==0) break;
      if (j==i)
      {  count++;
         if (count==1) printf(" 最小素数是 %d\n",i);
         if (count==100) printf(" 第 100 个素数是 %d\n",i);
         s+=i;
      }
   }
   printf(" 素数和是 %ld\n",s);
   return 0;
}
```

程序运行结果如下：

```
最小素数是 1009
第 100 个素数是 1721
素数和是 200923
```

【例 2-6】若两个素数之差是 2，则称这两个素数是一对孪生数。例如，3 和 5 是一对孪生数。求 [2,500] 区间内：

（1）孪生数的对数。

（2）最大的一对孪生数。

程序如下：

```
#include <stdio.h>
int IsPrime(int);
```

```
int main()
{
  int n,count=0,twin;
  for(n=3;n<=497;n++,n++)
    if (IsPrime(n) && IsPrime(n+2))
      {count++;twin=n;}
  printf("The number of twins prime is %d.\n",count);
  printf("The bigest number of twins prime is %d and %d.\n",twin,twin+2);
  return 0;
}
int IsPrime(int n)
{ int i;
  for(i=2;i<n;i++)
    if (n%i==0) return 0;
  return 1;
}
```

程序运行结果如下：

```
The number of twins prime is 24.
The bigest number of twins prime is 461 and 463.
```

【例 2-7】若正整数 N 的所有因子之和等于 N 的倍数，则称 N 为红玫瑰数。例如，28 的因子之和为 1+2+4+7+14+28=56=28×2，故 28 是红玫瑰数。求：

（1）[1,700] 之间最大的红玫瑰数是什么。

（2）[1,700] 之间有多少个红玫瑰数。

程序如下：

```
#include <stdio.h>
int main()
{
  int i,j,sum,count=0,maxRose=0;
  for(i=1;i<=700;i++)
  { sum=0;
    for(j=1;j<=i;j++)
      if (i%j==0) sum+=j;
    if (sum%i==0) {maxRose=i;count++;}
  }
  printf("The maximal red rose number is %d.\n",maxRose);
  printf("There are %d groups red rose numbers.\n",count);
  return 0;
}
```

程序运行结果如下：

```
The maximal red rose number is 672.
There are 6 groups red rose numbers.
```

【例 2-8】求 [2,1000] 范围内因子（包括 1 和该数本身）个数最多的数及其因子个数。程序如下：

```
#include <stdio.h>
int main()
{
  int i,j,count,num,maxFactor=0;
  for(i=2;i<=1000;i++)
```

```
    {
      count=0;
      for(j=1;j<=i;j++)
        if ((i%j)==0) count++;
      if (count>maxFactor)
      {
        maxFactor=count;
        num=i;
      }
    }
  printf("The number %d has the maximal factors %d.\n",num,maxFactor);
  return 0;
}
```

程序运行结果如下：

```
The number 840 has the maximal factors 32.
```

2.3 数值计算问题

数值计算是“计算方法”课程研究的对象，主要研究如何用计算机来求一些数学问题的数值解。目前数值计算方法已趋于完善和成熟，许多问题都有了现成的算法或软件包。详细内容可参阅数值分析或计算方法方面的文献或直接使用有关软件，如 MATLAB 科学计算软件。

【例 2-9】用牛顿迭代法求方程 $f(x)=0$ 在 $x=x_0$ 附近的实根，直到 $|x_n-x_{n-1}| \leqslant \varepsilon$ 为止。

牛顿迭代公式如下：

$$x_n = x_{n-1} - \frac{f(x_{n-1})}{f'(x_{n-1})}$$

分析：本质上讲，这属于递推问题，采用迭代方法不难得到图 2-4 所示的算法。

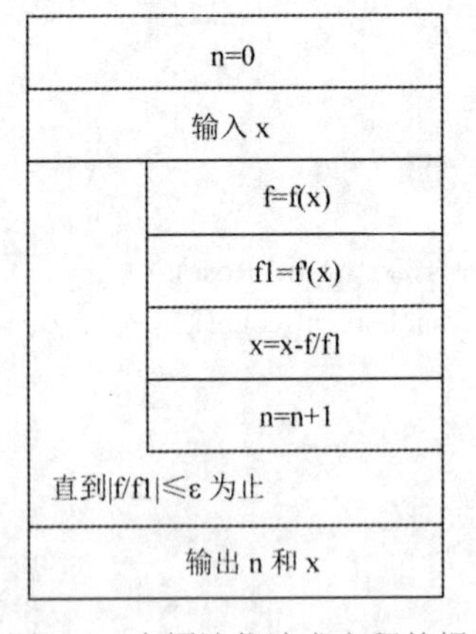

图 2-4　牛顿迭代法求方程的根

设 $f(x)=x^2-a$，则迭代公式如下：

$$x_n = \frac{1}{2}\left(x_{n-1} + \frac{a}{x_{n-1}}\right)$$

显然此时方程的根即 $\sqrt{a}$，利用此迭代公式可以求 $\sqrt{a}$ 的近似值。

假定取 $x_0=a/2$，$\varepsilon=10^{-4}$，程序如下：

```
#include <stdio.h>
#include <math.h>
int main()
{
   int n=0;
   double a,x,x1;
   printf(" 输入 a 的值 :");
   scanf("%lf",&a);
   x=a/2.0;
   x1=(x+a/x)/2.0;
   while(fabs(x1-x)>=1e-4)
    {
      n=n+1;
     x=x1;
     x1=(x+a/x)/2.0;
   }
   printf("x=%lf\n",x1);
   return 0;
}
```

程序运行结果如下：

```
输入 a 的值 :3 ↙
x=1.732051
```

【例 2-10】求$S=\int_a^b f(x)\mathrm{d}x$之值。

算法一：矩形法。根据定积分的几何意义，将积分区间 $[a，b]$$n$ 等分，n 个小曲边梯形面积之和即定积分的近似值。矩形法用小矩形代替小曲边梯形，求出各小矩形面积，然后将其累加。所以本质上讲这是一个累加问题，算法如图 2-5 所示。

输入 a，b，n
x=a
h=(b-a)/n
f=f(x)
s=0
i 从 1 变化到 n
  s_i=f*h
  s=s+s_i
  x=x+h
  f=f(x)
输出 s

图 2-5 矩形法求定积分

也可以先找出求几个小矩形面积之和的公式，然后根据公式编写程序。

$$
\begin{aligned}
S &= S_1+S_2+\cdots+S_n \\
&= hf(a)+hf(a+h)+\cdots+hf[a+(n-1)h] \\
&= h\sum_{i=1}^{n} f\left[a+(i-1)h\right]
\end{aligned}
$$

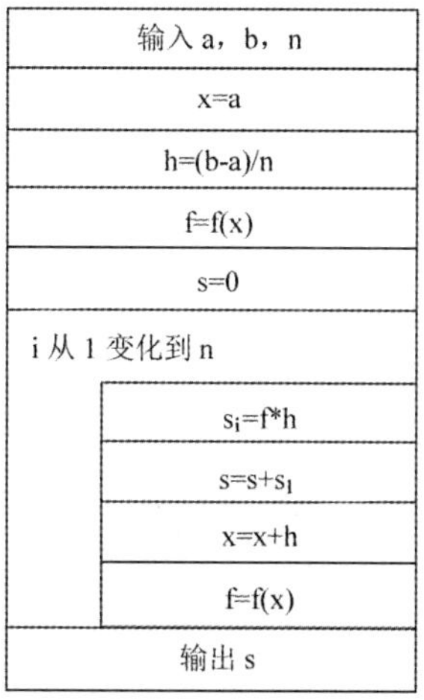

其中，$h=\dfrac{b-a}{n}$。

显然这是一个累加问题，不难设计算法。

求$s=\int_{-1}^{1}\sqrt{1-x^2}\,\mathrm{d}x$的程序如下：

```
#include <stdio.h>
#include <math.h>
float f(float x)
{
   return sqrt(1-x*x);
}
int main()
{
   int i;
   float sum=0.0,a,b,h;
   int n;
   scanf("%f%f%d",&a,&b,&n);
   h=(b-a)/n;
   for(i=1; i<=n; i++)
      sum+=h*f(a+(i-1)*h);
   printf("The integral is %f\n",sum);
   return 0;
}
```

程序运行结果如下：

```
-1 1 100 ↙
The integral is 1.569134
```

算法二：梯形法。梯形法用小梯形代替小曲边梯形。

第 1 个小梯形的面积：$s_1=\dfrac{f(a+h)+f(a)}{2}\cdot h$

第 2 个小梯形的面积：$s_2=\dfrac{f(a+2h)+f(a+h)}{2}\cdot h$

……

第 i 个小梯形的面积：$s_i=\dfrac{f(a+ih)+f\left[a+(i-1)h\right]}{2}\cdot h$

……

第 n 个小梯形的面积：$s_n=\dfrac{f(a+(n-1)h)+f(b)]}{2}\cdot h$

本质上讲这也是一个累加问题。也可以先找出求几个小梯形面积代数和的公式，然后根据此式设计算法。

$$S=S_1+S_2+\cdots+S_n=h\cdot\frac{f(a)+f(b)}{2}+h\cdot\sum_{i=1}^{n-1}f(a+ih)$$

根据上式，求$S=\int_{-1}^{1}\sqrt{1-x^2}\,\mathrm{d}x$的程序如下：

```
#include <stdio.h>
#include <math.h>
float f(float x)
```

```
{
  return sqrt(1-x*x);
}
int main()
{
  int n,i;
  float a,b,h,s;
  scanf("%f%f%d",&a,&b,&n);
  h=(b-a)/n;
  s=h*(f(a)+f(b))/2;
  for(i=1;i<n;i++)
    s+=h*f(a+i*h);
  printf("The integral is %f\n",s);
  return 0;
}
```

程序运行结果如下：

```
-1 1 100 ↙
The integral is 1.569134
```

2.4 数组的应用

【例 2-11】已知

$$\begin{cases} F_0 = F_1 = 0 \\ F_2 = 1 \\ F_n = F_{n-1} - 2F_{n-2} + F_{n-3} \qquad (n>2) \end{cases}$$

求在 $F_0 \sim F_{100}$ 中：

（1）负数的个数。

（2）1888 是第几项（约定 F_0 是第 0 项，F_1 是第 1 项）。

利用数组，编写程序如下：

```
#include <stdio.h>
int main()
{
  int i,negativeNum=0;
  double F[101]={0,0,1};
  for(i=3; i<101; i++)
  {
    F[i]=F[i-1]-2*F[i-2]+F[i-3];
    if (F[i]<0) negativeNum++;
    if (F[i]==1888) printf("1888 是第 %d 项 \n", i);
  }
  printf("There are %d negative numbers together.\n",negativeNum);
  return 0;
}
```

程序运行结果如下：

```
1888 是第 29 项
There are 50 negative numbers together.
```

【例 2-12】有 n 个同学围成一个圆圈做游戏，从某人开始编号（编号为 1 ～ n），并从 1 号同学开始报数，数到 t 的同学被取消游戏资格，下一个同学（第 t ＋ 1 个）又从 1 开始报数，数到 t 的同学便第 2 个被取消游戏资格，如此重复，直到最后一个同学被取消游戏资格，求依次被取消游戏资格的同学编号。程序如下：

```
#include <stdio.h>
#define nmax 50                                         //n 的最大值
int main()
{
  int i,k,m,n,t,num[nmax],*p;
  scanf("%d%d",&n,&t);
  p=num;
  for(i=0;i<n;i++) *(p+i)=i+1;
  i=k=m=0;
  while(m<n)
  {
    if (*(p+i)!=0) k++;
    if (k==t)
    {
      printf("%d is left\n",*(p+i));
      *(p+i)=0;
      k=0;
      m++;
    }
    i++;
    if (i==n) i=0;
  }
  return 0;
}
```

程序运行结果如下：

```
7 3 ↙
3 is left
6 is left
2 is left
7 is left
5 is left
1 is left
4 is left
```

【例 2-13】有一篇文章，包括 5 行，每行有 40 个字符，要求统计全文中大写字母 A ～ Z 出现的次数。

分析：这是一个分类统计问题，容易想到的算法是采用多分支选择结构来统计出不同类别数据的个数，但当类别很多时，这样做十分烦琐。较为简便的办法是采用数组作分类统计，首先根据不同的类别来找到分类号，然后以分类号作为数组的下标，采取按分类号对号入座的方法，从而省去条件判断。

考虑到 26 个字母在 ASCII 码表中是连续排列的，求任一字母 ch 所对应的分类号 k 的表达式可以写成：

```
k=ch 的 ASCII 码值 - 字母 A 的 ASCII 码值 +1
```

显然 ch 等于 A 时，k 的值为 1；ch 等于 B 时，k 的值为 2；…；ch 等于 Z 时，k 的值为 26。用 num 数组来作分类统计，下标变量 num[1]、num[2]、…、num[26] 分别统计字母 A、B、…、Z 的个数。

程序如下：

```
#include <stdio.h>
int main()
{
  char str[40],ch;
  int num[26],i,j,k;
  for(i=0;i<26;i++)
    num[i]=0;
  for(i=1;i<=5;i++)
  {
    scanf("%s",str);
    for(j=0;j<40;j++)
    {
      ch=str[j];
      if (ch=='\0') break;
      if (ch>='A' && ch<='Z')
      {
        k=ch-'A';
        num[k]=num[k]+1;
      }
    }
  }
  for(i=0;i<26;i++)
  printf("%c 出现的次数：%d\n",'A'+i,num[i]);
  return 0;
}
```

【例 2-14】采用变化的冒泡排序法将 n 个数按从大到小的顺序排列：对 n 个数，从第 1 个直到第 n 个，逐次比较相邻的两个数，大者放前面，小者放后面，这样得到的第 n 个数是最小的，然后对前面 n-1 个数，从第 n-1 个到第 1 个，逐次比较相邻的两个数，大者放前面，小者放后面，这样得到的第 1 个数是最大的。对余下的 n-2 个数重复上述过程，直到按从大到小的顺序排列完毕。程序如下：

```
#include <stdio.h>
int main()
{
  int a[11],i,high,low,temp;
  for(i=1;i<11;i++)
    scanf("%d",&a[i]);
  low=1;
  high=10;
  while(low<high)
  {
    for(i=low;i<high;i++)
      if (a[i]<a[i+1])
      { temp=a[i];
        a[i]=a[i+1];
```

```
            a[i+1]=temp;
          }
      high--;
      if (low<high)
      {
        for(i=high;i>=low+1;i--)
        if (a[i]>a[i-1])
          {
            temp=a[i];
            a[i]=a[i-1];
            a[i-1]=temp;
          }
       low++;
      }
    }
    for(i=1;i<11;i++)
      printf("%d\t",a[i]);
    return 0;
}
```

2.5 函数的应用

【例 2-15】已知$y=\dfrac{f(40)}{f(30)+f(20)}$，当$f(n)=1\times2+2\times3+3\times4+\cdots+n\times(n+1)$时，求 y 的值。

程序如下：

```
#include <stdio.h>
int f(int);
int main()
{
  double y=0.0;
  y=(double)f(40)/(double)(f(30)+f(20));
  printf("The result is %lf\n",y);
  return 0;
}
int f(int n)
{
  int i,sum=0;
  for(i=1;i<=n;i++)
    sum+=i*(i+1);
  return sum;
}
```

程序运行结果如下：

```
The result is 1.766154
```

【例 2-16】一个数为素数，且依次从低位去掉 1 位、2 位、…、所得数仍都是素数，则称该数为超级素数，例如 239。试求 [100,9999] 之内：

（1）超级素数的个数。

（2）所有超级素数之和。

（3）最大的超级素数。

程序如下：

```
#include <stdio.h>
int IsPrime(int n);
int main()
{
   int i,count=0,sum=0,max;
   for(i=100;i<=9999;i++)
   { if (i>=100 && i<=999)
     {
        if (IsPrime(i) && IsPrime(i/10) && IsPrime(i/100))
        {count++;sum+=i;max=i;}
     }
     else if (IsPrime(i) && IsPrime(i/10) && IsPrime(i/100) && IsPrime(i/1000))
       {count++;sum+=i;max=i;}
   }
   printf("The number of the super primes is %d.\n",count);
   printf("The summation of the super primes is %d.\n",sum);
   printf("The bigest super prime is %d.\n",max);
   return 0;
}
int IsPrime(int n)
{
   int i;
   if (n==1) return 0;
   for(i=2;i<n;i++)
     if ((n%i)==0) return 0;
   return 1;
}
```

程序运行结果如下：

```
The number of the super primes is 30.
The summation of the super primes is 75548.
The bigest super prime is 7393.
```

【例 2-17】寻求并输出 3 000 以内的亲密数对。亲密数对的定义为，若正整数 A 的所有因子（不包括 A）之和为 B，B 的所有因子（不包括 B）之和为 A，且 A ≠ B，则称 A 与 B 为亲密数对。程序如下：

```
#include <stdio.h>
int FactorSum(int);
int main()
{
   int i=2;
   for(i=2;i<=3000;i++)
     if (i==FactorSum(FactorSum(i)) && i != FactorSum(i))
        printf("%d and %d is the close number group.\n",i,FactorSum(i));
   return 0;
}
int FactorSum(int n)
{
   int i,sum=0;
```

```
    for(i=1;i<n;i++)
      if ((n%i)==0) sum+=i;
    return sum;
}
```

程序运行结果如下：

```
220 and 284 is the close number group.
284 and 220 is the close number group.
1184 and 1210 is the close number group.
1210 and 1184 is the close number group.
2620 and 2924 is the close number group.
2924 and 2620 is the close number group.
```

2.6 解不定方程

若方程的个数少于未知数的个数，则方程被称为不定方程，这类方程没有唯一解，而有多组解。对于这类问题无法用解析法求解，只能用所有可能的解一个一个地去试，看其是否满足方程，如果满足就是方程的解，这里用的方法是穷举法。

【例 2-18】求不定方程组：

$$\begin{cases} x+y+z=20 \\ 25x+20y+13z=400 \end{cases}$$

的全部正整数解。

程序如下：

```
#include <stdio.h>
int main()
{
    int x,y,z=0;
    for(x=1;x<=18;x++)
    {
      for(y=1;y<=18;y++)
      {
        z=20-x-y;
        if ((25*x+20*y+13*z)==400)
        {
            printf("The result is ");
            printf("x=%d,y=%d,z=%d\n",x,y,z);
        }
      }
    }
    return 0;
}
```

程序运行结果如下：

```
The result is x=7,y=8,z=5
```

【例 2-19】求满足 $\begin{cases} A\cdot B=716699 \\ A+B\text{最小} \end{cases}$ 的 A 和 B。程序如下：

```
#include <stdio.h>
#include <math.h>
```

```
int main()
{
    int a,b,s=716699,A,B;
    for(a=1;a<=sqrt(716699);a+=2)
    {
        if (716699%a==0)
        {
            b=716699/a;
            if (s>a+b)
            {
                s=a+b;
                A=a;
                B=b;
            }
        }
    }
    printf("A,B 分别为：%d,%d\n",A,B);
    return 0;
}
```

程序运行结果如下：

```
A,B 分别为：563,1273
```

2.7 思考题

1．求$Z=\sum_{i=1}^{N}\left(X_i-Y_i\right)^2$的值（$N$的值从键盘输入）。

其中$X_i=\begin{cases} i & （i\text{为奇数}） \\ \dfrac{i}{2} & （i\text{为偶数}） \end{cases}$，$Y_i=\begin{cases} i^2 & （i\text{为奇数}） \\ i^3 & （i\text{为偶数}） \end{cases}$。

（1）当N取10时，求Z的值。

（2）当N取15时，求Z的值。

2．已知$y=1+\frac{1}{2}+\frac{1}{4}+\cdots+\frac{1}{2n}$，求：

（1）y>4时的最小n值。

（2）与（1）的n值对应的y值。

3．已知$y=\frac{e^{0.3x}-e^{-0.3x}}{2}\cdot\sin(x+0.3)$

（1）当x取−2.00时，求y的值。

（2）当x取−3.0、−2.9、−2.8、…、2.9、3.0时，求各点y值之和。

4．已知$\mathrm{e}^x=1+X+\frac{X^2}{2!}+\frac{X^3}{3!}+\cdots+\frac{X^n}{N!}$，若$X$取0.5，$N$取100，则$\mathrm{e}^x$的值是多少？

5．求$S_n=a+aa+aaa+\cdots+\underbrace{aa\cdots a}_{n\text{个}a}$的值。其中$a$为1～9之间的一个整数。（提示：累加项的递推关系为$x_n=x_{n-1}\times10+a$。）

6．若一个正整数有偶数个不同的真因子，则称该数为幸运数。例如4有两个真因子1和2，故 4 是幸运数。求 [2,100] 之间全部幸运数之和。

7．若两个连续自然数的乘积减 1 是素数，则称这两个连续自然数是和谐数对，该素数是和谐素数。例如，2×3−1=5，由于 5 是素数，所以 2 和 3 是和谐数对，5 是和谐素数。求 [2,50] 区间内：

（1）和谐数对的对数。

（2）与上述和谐数对对应的所有和谐素数之和。

8．已知 24 有 8 个因子，即 1、2、3、4、6、8、12、24，而 24 正好能被 8 整除，求 [1,100] 之间：

（1）有多少个整数能被其因子的个数整除。

（2）符合（1）的最大整数。

（3）符合（1）的所有整数之和。

9．梅森素数是指 2^n-1 为素数的数 n，求 [1,21] 内：

（1）梅森素数的个数。

（2）最大的梅森素数。

（3）次大的梅森素数。

10．倒勾股数是满足公式：

$$\frac{1}{A^2}+\frac{1}{B^2}=\frac{1}{C^2} \quad (A>B>C)$$

的 3 个整数 A、B、C。

（1）A、B、C 之和小于 100 的倒勾股数有多少组？

（2）在（1）中 A、B、C 之和最小的是哪组？

11．若有一个四位正整数满足下列两个条件：

（1）千位数字与百位数字相同（非 0），十位数字与个位数字相同。

（2）是某两位数的平方。

则称该四位正整数为四位平方数。例如，由于：

$$7744=88^2$$

则称 7744 为四位平方数。求出：

（1）所有四位平方数的数目。

（2）所有四位平方数之和。

12．用迭代法求 $y=\sqrt[3]{x}$ 的值。x 由键盘读入。利用下列迭代公式计算：

$$y_{n+1}=\frac{2}{3}y_n+\frac{x}{3y_n^2}$$

初始值 $y_0=x$，误差要求 $\varepsilon=10^{-4}$。

13．用牛顿迭代法求方程 $\mathrm{e}^{-x}-x=0$ 在 $x=-2$ 附近的一个实根，直到满足 $|x_{n+1}-x_n|\leqslant 10^{-6}$ 为止。

（1）求方程的根。

（2）求当迭代初值为 −2 时的迭代次数。

14．已知 $f(t)=\sqrt{\cos t+4\sin(2t)+5}$，求 $s=\int_0^{2\pi} f(t)\mathrm{d}t$。

（1）将积分区间 100 等分，利用矩形法求 s。

（2）将积分区间 100 等分，利用梯形法求 s。

15．已知$g(x)=\dfrac{f(f(x)+1)}{f(x)+f(2x)}$，其中$f(t)=\begin{cases}\dfrac{t}{1+\dfrac{t}{2}} & 1\leqslant t\leqslant 10\\ 2t^2+3t-5 & 其他\end{cases}$，求：

（1）g(2.5) 的值。

（2）g(17.5) 的值。

16．一个自然数是素数，且它的数字位置经过任意对换后仍为素数，则称该自然数为绝对素数，如 13。试求所有两位绝对素数。

17．求方程 $3x-7y=1$，在 $|x|\leqslant 100$，$|y|\leqslant 50$ 内的整数解。

（1）共有多少组整数解？

（2）在上述各组解中，$|x|+|y|$ 的最大值是多少？

（3）在上述各组解中，$x+y$ 的最大值是多少？

18．求同时满足以下条件的 x、y、z。

（1）$x^2+y^2+z^2=51^2$。

（2）$x+y+z$ 之值最大。

（3）x 最小。

参考答案

1．（1）1304735　（2）11841724

2．（1）227　（2）4.002183

3．（1）0.6313470　（2）19.162470

4．1.648721

5．略

6．384

7．（1）28　（2）21066

8．（1）16　（2）96　（3）686

9．（1）7　（2）19　（3）17

10．（1）2　（2）20，15，12

11．（1）1　（2）7744

12．略

13．（1）0.5671433　（2）6

14．（1）13.2612500　（2）13.2612500

15．（1）0.4043919　（2）272.841100

16．11，13，17，31，37，71，73，79，97

17．（1）29　（2）143　（3）137

18．x=22，y=31，z=34

第3章

章节练习

这一章按照课程内容体系，编写了大量的练习题并给出了参考答案。在使用这些练习题时，应重点理解和掌握与题目相关的知识点，而不要只记诵答案。应在阅读教材的基础上再来做题，通过做题达到强化、巩固和提高的目的。

3.1 程序设计概述

一、选择题

1. 以下不是C语言特点的是（　　）。
   A. C语言简洁、紧凑，使用方便、灵活
   B. C语言能进行位操作，可直接对硬件进行操作
   C. C语言具有结构化的控制语句
   D. C语言中没有运算符
2. 以下叙述不正确的是（　　）。
   A. 一个C语言源程序可由一个或多个函数组成
   B. 一个C语言源程序必须包含一个main函数
   C. 在C语言程序中，一行只能写一个语句
   D. 在C语言程序中，注释说明对程序功能不产生影响
3. 一个C语言程序由（　　）。
   A. 一个主程序和若干个子程序组成　　B. 函数组成
   C. 若干个过程组成　　D. 若干个子程序组成
4. C语言编译程序是（　　）。
   A. 将C语言源程序编译成目标程序的程序　　B. 一组机器语言指令
   C. 将C语言源程序编译成应用软件的程序　　D. C语言程序的机器语言版本
5. 以下说法中正确的是（　　）。
   A. C语言程序总是从第1个函数开始执行
   B. C语言程序中，要调用的函数必须在main函数中定义
   C. C语言程序总是从main函数开始执行
   D. C语言程序中的main函数必须放在程序的开始部分
6. 以下叙述中正确的是（　　）。
   A. 构成C语言程序的基本单位是函数
   B. C语言编译时不检查语法错误
   C. main函数必须放在其他函数之前
   D. 所有被调用的函数一定要在调用之前进行定义
7. 以下叙述中正确的是（　　）。
   A. C语言比其他语言高级
   B. C语言可以不用编译就能被计算机识别执行
   C. Visual Studio环境下既能运行C语言程序，也能运行C++程序
   D. C语言出现得最晚，具有其他语言的一切优点
8. 在一个C语言程序中（　　）。
   A. main函数必须出现在所有函数之前　　B. main函数可以在任何地方出现

C．main 函数必须出现在所有函数之后　　D．main 函数必须出现在固定位置

9．以下叙述中正确的是（　　）。

A．C 语言程序中注释部分可以出现在程序中任意合适的地方

B．花括号“{”和“}”只能作为函数体的定界符

C．构成 C 语言程序的基本单位是函数，所有函数名都可以由用户命名

D．分号是 C 语句之间的分隔符，不是语句的一部分

10．用 C 语言编写的程序（　　）。

A．可立即执行　　B．是一个源程序

C．经过编译即可执行　　D．经过编译解释才能执行

二、填空题

1．在采用结构化程序设计方法进行程序设计时，________ 是程序的灵魂。

2．算法是 ________。

3．算法的 5 个特性：有穷性、________、________、________ 和有效性。

4．程序的 3 种基本结构是 ________、________ 和 ________，它们的共同特点是 ________。

5．应用程序 hello.c 中只有一个函数，这个函数的名称是 ________。

6．在一个 C 语言源程序中，注释的分界符是 ______。

7．一个 C 语言程序有且仅有一个 ________ 函数。

8．在 C 语言中，输入操作是由库函数 ________ 完成的，输出操作是由库函数 ________ 完成的。

9．通过文字编辑建立的源程序文件的扩展名是 ________，编译后生成的目标程序文件，其扩展名是 ________；连接后生成的可执行程序文件，其扩展名是 ________；运行得到结果。

10．C 语言程序的基本单位是 ________。

11．C 语言程序的语句结束符是 ________。

12．上机运行一个 C 语言程序，要经过 ________ 步骤。

参考答案

一、选择题

1．D　　2．C　　3．B　　4．A　　5．C　　6．A　　7．C

8．B　　9．A　　10．B

二、填空题

1．算法

2．为解决一个问题而采取的方法和步骤

3．确定性　有零个或多个输入　有一个或多个输出

4．顺序结构　选择结构　循环结构　只有一个入口，只有一个出口，结构内的每一个部分都有机会被执行到，结构内不存在死循环

5．main

6．/* 和 */ 或 //

7. main

8. scanf printf

9. .c .obj .exe

10. 函数

11. ; 或分号

12. 编辑、编译、连接、运行

3.2 程序的数据描述

一、选择题

1. 以下选项中属于 C 语言数据类型的是（ ）。

A. 复数型 B. 逻辑型 C. 双精度型 D. 集合型

2. C 语言提供的合法的数据类型关键字是（ ）。

A. Double B. short C. integer D. Char

3. 下列变量定义中合法的是（ ）。

A. short _a=1-le-1; B. double b=1+5e2.5;

C. long do=0xfdaL; D. float 2_and=1-e-3;

4. 在 C 语言中，合法的长整型常数是（ ）。

A. 0L B. 4962710 C. 0.054838743 D. 2.1869e10

5. 下列常数中不能作为 C 语言常量的是（ ）。

A. 0xA5 B. 2.5e-2 C. 3e2 D. 0582

6. 在 C 语言中，数字 029 是一个（ ）。

A. 八进制数 B. 十六进制数 C. 十进制数 D. 非法数

7. C 语言中的标识符只能由字母、数字和下画线 3 种字符组成，且第 1 个字符（ ）。

A. 必须为字母 B. 必须为下画线

C. 必须为字母或下画线 D. 可以是字母、数字和下画线中任一种字符

8. 以下不正确的 C 语言标识符是（ ）。

A. int B. a_1_2 C. ab1exe D. _x

9. 以下选项中合法的用户标识符是（ ）。

A. \n B. _2Test C. 3Dmax D. A.dat

10. 在 C 语言中，错误的 int 类型的常数是（ ）。

A. 32768 B. 0 C. 037 D. 0xAF

11. 以下选项中合法的实型常数是（ ）。

A. 5E2.0 B. E-3 C. .2E0 D. 1.3E

12. 在 Visual Studio 环境下执行语句“printf("%x\n",-1);”，屏幕显示（ ）。

A. -1 B. 1 C. –ffffffff D. ffffffff

13．在 C 语言中，合法的字符常量是（　　）。

A．'\084'　　B．'\x48'　　C．'ab'　　D．"\0"

14．下列不正确的转义字符是（　　）。

A．'\\'　　B．'\''　　C．'074'　　D．'\0'

15．下面不正确的字符串常量是（　　）。

A．'abc'　　B．"12'12"　　C．"0"　　D．""

16．若有说明语句：

```
char c='\72';
```

则变量 c（　　）。

A．包含 1 个字符　　B．包含两个字符

C．包含 3 个字符　　D．说明不合法，c 的值不确定

17．已知字母 A 的 ASCII 码值为十进制数 65，且 c2 为字符型，则执行语句“c2='A'+'6'-'3';”后，c2 中的值为（　　）。

A．D　　B．68　　C．不确定的值　　D．C

18．若有代数式$\frac{7ae}{bc}$，则不正确的 C 语言表达式是（　　）。

A．a/b/c*e*7　　B．7*a*e/b/c　　C．7*a*e/b*c　　D．a*e/c/b*7

19．与数学式$\frac{3x^n}{2x-1}$对应的 C 语言表达式是（　　）。

A．3*x^n/(2*x-1)　　B．3*x**n/(2*x-1)

C．3*pow(x,n)*(1/(2*x-1))　　D．3*pow(n,x)/(2*x-1)

20．若有代数式$\sqrt{|y^x+\log_{10}y|}$，则正确的 C 语言表达式是（　　）。

A．sqrt(fabs(pow(y,x)+log(y)))　　B．sqrt(abs(pow(y,x)+log(y)))

C．sqrt(fabs(pow(x,y)+log(y)))　　D．sqrt(abs(pow(x,y)+log(y)))

21．设变量 n 为 float 类型，m 为 int 类型，则以下能实现将 n 中的数值保留小数点后两位，第 3 位进行四舍五入运算的表达式是（　　）。

A．n=(n*100+0.5)/100.0　　B．m=n*100+0.5,n=m/100.0

C．n=n*100+0.5/100.0　　D．n=(n/100+0.5)*100.0

22．在 C 语言中，要求运算数必须是整型的运算符是（　　）。

A．/　　B．++　　C．%　　D．!=

23．若有定义：

```
int a=7;
float x=2.5,y=4.7;
```

则表达式“x+a%3*(int)(x+y)%2/4”的值是（　　）。

A．2.500000　　B．2.750000　　C．3.500000　　D．0.000000

24．sizeof(float) 是（　　）。

A．一个双精度型表达式　　B．一个整型表达式

C．一个函数调用　　D．一个不合法的表达式

25．若有以下定义和语句：

```
char c1='a',c2='f';
printf("%d,%c\n",c2-c1,c2-'a'+'B');
```

则输出结果是（　　）。

A．2,M　　B．5,!　　C．2,E　　D．5,G

26．以下能正确地定义整型变量 a、b 和 c 并为其赋初值 5 的语句是（　　）。

A．int a=b=c=5;　B．int a,b,c=5;　C．int a=5,b=5,c=5;　D．a=b=c=5;

27．下列关于单目运算符 ++、-- 的叙述中正确的是（　　）。

A．它们的运算对象可以是任何变量和常量

B．它们的运算对象可以是 char 型变量和 int 型变量，但不能是 float 型变量

C．它们的运算对象可以是 int 型变量，但不能是 double 型变量和 float 型变量

D．它们的运算对象可以是 char 型变量、int 型变量和 float 型变量

28．以下不正确的叙述是（　　）。

A．在 C 语言程序中，逗号运算符的优先级最低

B．在 C 语言程序中，TOTAL 和 Total 是两个不同的变量

C．在 C 语言程序中，% 是只能用于整数运算的运算符

D．当从键盘输入数据时，对于整型变量只能输入整型数值，对于实型变量只能输入实型数值

29．设有以下说明语句：

```
double y=0.5,z=1.5;
int x=10;
```

则能够正确使用 C 语言库函数的表达式是（　　）。

A．exp(y)+fabs(x)　　B．log10(y)+pow(y)

C．sqrt(y-z)　　D．(int)(atan2((double)x,y)+exp(y-0.2))

30．若有以下说明语句：

```
int a=5;
a++;
```

则此处表达式 a++ 的值是（　　）。

A．7　　B．6　　C．5　　D．4

31．用十进制数表示表达式 12/012 的运算结果是（　　）。

A．1　　B．0　　C．14　　D．12

32．设 x、y、z 和 k 都是 int 型变量，则执行表达式 x=(y=4,z=16,k=32) 后，x 的值为（　　）。

A．4　　B．16　　C．32　　D．52

33．设有定义“int x=11;”，则表达式 (x++ * 1/3) 的值是（　　）。

A．3　　B．4　　C．11　　D．12

34．已知大写字母 A 的 ASCII 码值是 65，小写字母 a 的 ASCII 码值是 97，则用八进制表示的字符常量 '\101' 是（　　）。

A．字符 A　　B．字符 a　　C．字符 e　　D．非法的常量

35．设 a 和 b 均为 double 型变量，且 a=5.5，b=2.5，则表达式 (int)a+b/b 的值是（　　）。

A．6.500000　　B．6　　C．5.500000　　D．6.000000

二、填空题

1．C 语言程序中的数据有 ________ 和 ________ 之分。用一个标识符代表一个常量，称之为 ________ 常量。C 语言规定，变量应做到先 ________，后使用。

2．C 语言的基本数据类型包括：________、________ 和 ________。

3．C 语言中的实型变量分为两种类型，它们是 ________ 和 ________。

4．C 语言中的构造数据类型有 ________ 类型、________ 类型和 ________ 类型 3 种。

5．C 语言中的标识符只能由 3 种字符组成，它们是 ________、________ 和 ________，且第 1 个字符必须为 ________。

6．负数在计算机中以 ________ 形式表示。

7．字符串 "lineone\x0alinetwo\12" 的长度为 ________。

8．将下面的语句补充完整，使 ch1 和 ch2 都被初始化为字母 D，但要用不同的方法：

```
char ch1=________;
char ch2=________;
```

9．若 x 和 y 都是 double 型变量，且 x 的初值为 3.0，y 的初值为 2.0，则表达式 pow(y,fabs(x)) 的值为 ________。

10．++ 和 -- 运算符只能用于 ________，不能用于常量或表达式。++ 和 -- 的结合方向是 ________。

11．若逗号表达式的一般形式是“表达式 1，表达式 2，表达式 3”，则整个逗号表达式的值是 ________ 的值。

12．逗号运算符是所有运算符中优先级最 ________ 的。

13．假设所有变量均为整型，则表达式 (a=2,b=5,a++,b++,a+b) 的值为 ________。

14．若有以下定义：

```
int x=3,y=2;
float a=2.5,b=3.5;
```

则表达式 (x+y)%2+(int)a/(int)b 的值为 ________。

15．若 s 为 int 型变量，且 s=6，则表达式 s%2+(s+1)%2 的值为 ________。

16．设 x 和 y 均为 int 型变量，且 x=1，y=2，则表达式 1.0+x/y 的值为 ________。

17．假设已指定 i 为整型变量，f 为 float 型变量，d 为 double 型变量，e 为 long 型变量，则表达式 10 ＋ 'a'+i*f-d/e 的结果为 ________ 类型。

18．数学式 $\sin^2 x \cdot \frac{x+y}{x-y}$ 写成 C 语言表达式是 ________。

19．C 语言的字符常量是用 ________ 括起来的 ________ 个字符，而字符串常量是用 ________ 括起来的 ________ 序列。

20．C 语言规定，在一个字符串的结尾加一个 ________ 标志。

21．C 语言中，字符型数据和 ________ 数据之间可以通用。

22．字符串 "abcke" 长度为 ________，占用 ________ 个字节的空间。

23．若有以下定义：

```
char c='\010';
```

则变量 c 中包含的字符个数为 ________。

参考答案

一、选择题

1. C	2. B	3. A	4. A	5. D	6. D	7. C
8. A	9. B	10. A	11. C	12. D	13. B	14. C
15. A	16. A	17. A	18. C	19. C	20. A	21. B
22. C	23. A	24. B	25. D	26. C	27. D	28. D
29. D	30. C	31. A	32. C	33. A	34. A	35. D

二、填空题

1. 常量　变量　符号　定义
2. 整型　实型　字符型
3. 单精度型或 float　双精度型或 double
4. 结构体　共用体　枚举
5. 字母　数字　下划线　字母或下划线
6. 二进制补码
7. 16
8. 'D'　68 或 ch1
9. 8.000000
10. 变量　自右至左
11. 表达式 3
12. 低
13. 9
14. 1
15. 1
16. 1.0
17. double
18. pow(sin(x),2)*(x+y)/(x-y) 或 sin(x)*sin(x)*(x+y)/(x-y)
19. 单引号　1　双引号　字符
20. 字符串结束
21. 整型
22. 5　6
23. 1

3.3 顺序结构

一、选择题

1. 以下不属于流程控制语句的是（　　）。

   A．表达式语句　B．选择语句　C．循环语句　D．转移语句

2. 已知 ch 是字符型变量，则下面不正确的赋值语句是（　　）。

   A．ch='a+b';　B．ch='\xff';　C．ch='7'+'9';　D．ch=7+9;

3．设以下变量均为 int 类型，则值不等于 7 的表达式是（　　）。

A．(x=y=6,x+y,x+1)　　B．(x=y=6,x+y,y+1)

C．(x=6,x+1,y=6,x+y)　　D．(y=6,y+1,x=y,x+1)

4．设有如下变量定义：

```
int i=8, k, a, b;
unsigned long w=5;
double x=1, 42, y=5.2;
```

则以下符合 C 语言语法的表达式是（　　）。

A．a+=a-=(b=4)*(a=3)　　B．x%(-3)

C．a=a*3=2　　D．y=float(i)

5．假定有以下变量定义：

```
int k=7,x=12;
```

则能使值为 3 的表达式是（　　）。

A．x%=(k%=5)　B．x%=(k-k%5)　C．x%=k-k%5　D．(x%=k)-(k%=5)

6．以下选项中，与 k=n++ 完全等价的表达式是（　　）。

A．k=n,n=n+1　B．n=n+1,k=n　C．k=++n　D．k+=n+1

7．printf 函数中用到格式符“%5s”，其中数字 5 表示输出的字符串占用 5 列。若字符串长度大于 5，则（　　）。若字符串长度小于 5，则（　　）。

A．从左起输出该字串，右补空格　　B．按原字符长从左向右全部输出

C．右对齐输出该字串，左补空格　　D．输出错误信息

8．以下程序的输出结果是（　　）。

```
#include <stdio.h>
int main()
{
  char x=0xFFFF;
  printf("%d \n",x--);
  return 0;
}
```

A．-32767　B．FFFE　C．-1　D．-32768

9．以下程序的输出结果是（　　）。

```
#include <stdio.h>
int main()
{
  int y=3,x=3,z=1;
  printf("%d %d\n",(++x,y++),z+2);
  return 0;
}
```

A．3 4　B．4 2　C．4 3　D．3 3

10．以下合法的赋值语句是（　　）。

A．x=y=100　B．d--;　C．x+y;　D．c=int(a+b)

11．以下程序的输出结果是（　　）。

```
#include <stdio.h>
int main()
{
```

```
    char c='z';
    printf("%c\n",c-25);
    return 0;
}
```

A．a　　B．Z　　C．z-25　　D．y

12．若变量 a 是 int 类型，并执行了语句“a='A'+1.6;”，则正确的叙述是（　　）。

A．a 的值是字符 C　　B．a 的值是浮点型

C．不允许字符型和浮点型相加　　D．a 的值是字符 'A' 的 ASCII 码值加上 1

13．以下程序的输出结果是（　　）。

```
int a=1234;
printf("%2d\n",a);
```

A．12　　B．34　　C．1234　　D．提示出错

14．以下程序的输出结果（　　）

```
int m=0xabc,n=0xabc;
m-=n;
printf("%X\n",m);
```

A．0X0　　B．0x0　　C．0　　D．0XABC

15．设有如下程序段：

```
int x=2002,y=2003;
printf("%d\n",(x,y));
```

则以下叙述中正确的是（　　）。

A．输出语句中格式说明符的个数少于输出项的个数，不能正确输出

B．运行时产生出错信息

C．输出值为 2002

D．输出值为 2003

二、填空题

1．C 语句分为简单语句、________ 和 ________。

2．复合语句是用 ________ 括起来的语句。

3．使用标准输入输出库函数时，程序的开头要使用预处理命令 ________。

4．复合语句在语法上被认为是 ________ 条语句。

5．赋值运算符的作用是将一个数据赋给一个 ________。

6．若 a 是 int 型变量，则执行表达式 a=25/3%3 后，a 的值为 ________。

7．若 x 和 n 均是 int 型变量，且 x 和 n 的初值均为 5，则执行表达式 x+=n++ 后，x 的值为 ________，n 的值为 ________。

8．若 x 和 a 均是 int 型变量，则执行表达式 x=(a=4,6*2) 后，x 的值为 ________，执行表达式 x=a=4,6*2 后，x 的值为 ________。

9．若 a、b 和 c 均是 int 型变量，则执行表达式 a=(b=4)+(c=2) 后，a、b、c 的值分别为 ________。

10．若有定义“int m=5,y=2;”，则执行表达式 y+=y-=m*=y 后，y 的值是 ________。

11．假设变量 a、b 均为整型，借助中间变量 t 把 a、b 的值互换，语句为 ________。

12．假设变量 a 和 b 均为整型，不借助任何变量把 a、b 的值互换，语句为 ________。

13．getchar 函数的作用是从终端输入 ________ 个字符。

14．有一输入函数语句“scanf("%d",x);”，其不能使 float 类型变量 x 得到正确数值的原因是 ________ 和 ________。scanf 语句的正确形式应该是 ________。

15．若有以下定义和语句，为使变量 c1 得到字符 A，变量 c2 得到字符 B，则输入数据的形式应该是 ________。

```
char c1,c2;
scanf("%4c%4c",&c1,&c2);
```

16．已有定义“int i,j; float x;”，为将 -10 赋给 i，12 赋给 j，410.34 赋给 x，则对应以下 scanf 函数调用语句的数据输入形式是 ________。

```
scanf("%o%x%e",&i,&j,&x);
```

17．若想通过以下输入语句给 a 赋 1、给 b 赋 2，则输入数据的形式应该是 ________。

```
int a,b;
scanf("a=%b,b=%d",&a,&b);
```

18．若想通过以下输入语句使 a=5.0、b=4、c=3，则输入数据的形式应该是 ________。

```
int b,c;
float a;
scanf("%f,%d,c=%d",&a,&b,&c);
```

19．若有以下语句：

```
int i=-19,j=i%4;
printf("%d\n",j);
```

则输出结果是 ________。

20．以下程序的输出结果是 ________。

```
#include <stdio.h>
int main()
{
 char m;
 m='B'+32;
 printf("%c\n",m);
 return 0;
}
```

三、编写程序题

1．从键盘上输入 3 个数分别给变量 a、b、c，求它们的平均值，并按如下形式输出：

```
average of **，** and ** is **.**
```

其中，3 个 ** 依次表示 a、b、c 的值，**.** 表示 a、b、c 的平均值。

2．输入 ×× 时 ×× 分，并把它转化成分钟后输出（从零点整开始计算）。

3．1 英里 =1.609 千米，地球与月球之间的距离大约是 238 857 英里，计算地球与月球之间的距离大约是多少千米。

4．从键盘输入一个字符，输出其前后相连的 3 个字符。

5．输入一个三位整数，求其各位数字的立方和。

参考答案

一、选择题

1. A　2. A　3. C　4. A　5. D　6. A　7. B　C
8. C　9. D　10. B　11. A　12. D　13. C　14. C
15. D

二、填空题

1. 复合语句　流程控制语句
2. {}
3. #include <stdio.h> 或 #include“stdio.h”
4. 1
5. 变量
6. 2
7. 10　6
8. 12　4
9. 6、4、2
10. -16
11. t=a; a=b; b=t;
12. a+=b; b=a-b; a-=b;
13. 1
14. 未指明变量 x 的地址　格式控制符与变量类型不匹配　scanf("%f",&x);
15. A □□□ B □□□↙
16. -12 □ c □ 4.1034e+02
17. a=1,b=2
18. 5.0,4,c=3
19. -3
20. b

三、编写程序题

1. 参考程序：

```
#include <stdio.h>
int main()
{
   float  a,b,c,t;
   printf("please input a,b,c:\n");
   scanf ("%f,%f,%f",&a,&b,&c);
   t=(a+b+c)/3;
   printf ("average of %6.2f,%6.2f and %6.2f is %6.2f\n",a,b,c,t);
   return 0;
}
```

2. 参考程序：

```
#include <stdio.h>
int main()
```

```
{
    int h,m,s;
    printf("please input h,m:\n");
    scanf ("%d,%d",&h,&m);
    s=h*60+m;
    printf ("Total %d minute\n",s);
    return 0;
}
```

3．参考程序：

```
#include <stdio.h>
int main()
{
    float x,y;
    y=238857;
    x=y*1.609;
    printf("Distance is %f kilometre between Earth and Moon \n",x);
    return 0;
}
```

4．参考程序：

```
#include <stdio.h>
int main()
{
    int a,b,c;
    printf("Please enter a charater:");
    scanf("%c",&c);
    a=c-1;
    b=c+1;
    printf("a=%c,c=%c,b=%c\n",a,c,b);
    return 0;
}
```

5．参考程序：

```
#include <stdio.h>
int main()
{
    int n,m,a,b,c;
    scanf("%d",&n);
    a=n%10;
    b=n/10%10;
    c=n/100;
    m=a*a*a+b*b*b+c*c*c;
    printf("n=%d,m=%d\n",n,m);
    return 0;
}
```

3.4 选择结构

一、选择题

1．以下关于运算符优先顺序的描述中，正确的是（　　）。

A．关系运算符 < 算术运算符 < 赋值运算符 < 逻辑与运算符

B．逻辑与运算符 < 关系运算符 < 算术运算符 < 赋值运算符

C．赋值运算符 < 逻辑与运算符 < 关系运算符 < 算术运算符

D．算术运算符 < 关系运算符 < 赋值运算符 < 逻辑与运算符

2．判断字符变量 c 的值不是数字也不是字母，应采用表达式（　　）。

A．c<='0'||c>='9'&&c<='A'||c>='Z'&&c<='a'||c>='z'

B．!(c<='0'||c>='9'&&c<='A'||c>='Z'&&c<='a'||c>='z')

C．c>='0'&&c<='9'||c>='A'&&c<='Z'||c>='a'&&c<='z'

D．!(c>='0'&&c<='9'||c>='A'&&c<='Z'||c>='a'&&c<='z')

3．能正确表示“当 x 的取值在 [1,100] 和 [200,300] 范围内为真，否则为假”的表达式是（　　）。

A．(x>=1)&&(x<=100)&&(x>=200)&&(x<=300)

B．(x>=1)||(x<=100)||(x>=200)||(x<=300)

C．(x>=1)&&(x<=100)||(x>=200)&&(x<=300)

D．(x>=1)||(x<=100)&&(x>=200)||(x<=300)

4．设 x、y 和 z 是 int 型变量，且 x=3、y=4、z=5，则下面表达式中值为 0 的是（　　）。

A．'x'&&'y'　　B．x<=y　　C．x||y+z&&y-z　　D．!((x<y)&&!z||1)

5．语句“printf("%d",(a=2)&&(b= -2);”的输出结果是（　　）。

A．无输出　　B．结果不确定　　C．-1　　D．1

6．当 c 的值不为 0 时，在下列选项中能正确将 c 的值赋给变量 a、b 的是（　　）。

A．c=b=a;　　B．(a=c)||(b=c);

C．(a=c)&&(b=c);　　D．a=c=b;

7．以下选项中非法的表达式是（　　）。

A．0<=x<100　　B．i=j==0　　C．(char)(65+3)　　D．x+1=x+1

8．能正确表示 a 和 b 同时为正或同时为负的逻辑表达式是（　　）。

A．(a>=0||b>=0)&&(a<0||b<0)　　B．(a>=0&&b>=0)&&(a<0&&b<0)

C．(a+b>0)&&(a+b<=0)　　D．a*b>0

9．以下 if 语句语法不正确的是（　　）。

A．if (x>y&&x!=y);

B．if (x==y) x+=y;

C．if (x!=y) scanf("%d",&x) else scanf("%d",&y);

D．if (x<y) {x++; y++;}

10．以下 if 语句语法正确的是（　　）。

A．
```
if (x>0)
    printf("%f",x)
else printf("%f",-x);
```
B．
```
if (x>0)
    {x=x+y; printf("%f",x);}
else printf("%f",-x);
```
C．
```
if (x>0)
    {x=x+y; printf("%f",x);};
else printf("%f",-x);
```
D．
```
if (x>0)
    {x=x+y; printf("%f",x)}
else printf("%f",-x);
```

11．在运行以下程序时，为了使输出结果为 t=4，则给 a 和 b 输入的值应满足的条件是（　　）。

```
#include <stdio.h>
int main()
{
  int s,t,a,b;
  scanf("%d,%d",&a,&b);
  s=1;
  t=1;
  if (a>0) s=s+1;
  if (a>b) t=s+t;
  else if (a==b) t=5;
  else t=2*s;
  printf("t=%d\n",t);
  return 0;
}
```

A．a>b　　B．a<b<0　　C．0<a<b　　D．0>a>b

12．以下程序的输出结果是（　　）。

```
#include <stdio.h>
int main()
{
  int x=1,a=0,b=0;
  switch(x)
  {
    case 0: b++;
    case 1: a++;
    case 2: a++;b++;
  }
  printf("a=%d,b=%d\n",a,b);
  return 0;
}
```

A．a=2,b=1　　B．a=1,b=1　　C．a=1,b=0　　D．a=2,b=2

13．设有如下程序段：

```
int a=14,b=15,x;
char c='A';
x=(a&&b)&&(c<'B');
```

运行该程序段后，x 的值为（　　）。

A．true　　B．false　　C．0　　D．1

14．以下程序的输出结果是（　　）。

```
#include <stdio.h>
int main()
{
  int a=15,b=21,m=0;
  switch(a%3)
  {
    case 0:m++;break;
    case 1:m++;
      switch(b%2)
    {
      default:m++;
      case 0:m++;break;
    }
  }
  printf("%d\n",m);
  return 0;
}
```

A．1　　B．2　　C．3　　D．4

15．以下程序的输出结果是（　　）。

```
#include <stdio.h>
int main()
{
  int a=5,b=4,c=3,d=2;
  if (a>b>c)
    printf("%d\n",d);
  else if ((c-1>=d)==1)
    printf("%d\n",d+1);
  else
    printf("%d\n",d+2);
  return 0;
}
```

A．2　　B．3　　C．4　　D．5

16．表达式 ~0x13 的值是（　　）。

A．0xFFEC　　B．0xFF71　　C．0xFF68　　D．0xFF17

17．在位运算中，操作数每右移一位，其结果相当于（　　）。

A．操作数乘以 2　　B．操作数除以 2

C．操作数除以 4　　D．操作数乘以 4

18．设有以下语句：

```
char x=3,y=6,z;
z=x^y<<2;
```

则 z 的二进制值是（　　）。

A．00010100　　B．00011011

C．00011100　　D．00011000

二、填空题

1．关系表达式的运算结果是 ________ 值。C 语言没有逻辑型数据，以 ________ 代表“真”，以 ________ 代表“假”。

2．逻辑运算符！是 ________ 运算符，其结合性是 ________。

3．逻辑运算符两侧的运算对象不但可以是 0 和 1，或者是 0 和非 0 的整数，也可以是任何类型的数据。系统最终以 ________ 和 ________ 来判定它们属于“真”或“假”。

4．设 x、y、z 均为 int 型变量，描述“x 或 y 中有一个小于 z”的表达式是 ________。

5．条件“2<x<3 或 x<-10”的 C 语言表达式是 ________。

6．判断 char 型变量 ch 是否为大写字母的正确表达式是 ________。

7．已知 A=7.5、B=2、C=3.6，则表达式 A>B&&C>A||A<B&&!C>B 的值为 ________。

8．有“int x,y,z;”且 x=3、y=-4、z=5，则表达式 (x&&y)==(x||z) 的值为 ________。

9．有“int a=3,b=4,c=5,x,y;”，则表达式 !(x=a)&&(y=b)&&0 的值为 ________。

10．语句“if (!k) a=3;”中的 !k 可以改写为 ________，其功能不变。

11．条件运算符是 C 语言中唯一的一个 ________ 目运算符，其结合性为 ________。

12．若有 if 语句“if (a<b) min=a; else min=b;”，可用条件运算符来处理的等价表达式为 ________。

13．若 w=1、x=2、y=3、z=4，则表达式 w<x?w:y<z?y:z 的值为 ________。

14．设有变量定义“int a=5,c=4;”，则表达式 (--a==++c)?--a:c++ 的值为 ________，此时 c 的存储单元的值为 ________。

15．以下程序的输出结果是 ________。

```
int n='c';
switch(n++)
{
   default: printf("error");break;
   case 'a':case 'A':case 'b':case 'B':printf("good");break;
   case 'c':case 'C':printf("pass");
   case 'd':case 'D':printf("warn");
}
```

16．若从键盘输入 58，则以下程序的输出结果是 ________。

```
#include <stdio.h>
int main()
{
   int a;
   scanf("%d",&a);
   if (a>50) printf("%d",a);
   if (a>40) printf("%d",a);
   if (a>30) printf("%d",a);
   return 0;
}
```

17．以下程序的输出结果是 ________。

```
#include <stdio.h>
int main()
{
```

```
    int p,a=5;
    if (p=a!=0)
        printf("%d\n",p);
    else
        printf("%d\n",p+2);
    return 0;
}
```

18．以下程序的输出结果是 ________。

```
#include <stdio.h>
int main()
{
    int p=30;
    printf("%d\n",(p/3>0?p/10:p%3));
    return 0;
}
```

19．以下程序的输出结果是 ________。

```
#include <stdio.h>
int main()
{
    int a=1,b=3,c=5;
    if (c=a+b) printf("yes\n");
    else printf("no\n");
    return 0;
}
```

20．在 C 语言中，& 运算符作为单目运算符时表示的是 ________ 运算，作为双目运算符时表示的是 ________ 运算。

21．以下程序的输出结果是 ________。

```
int a=1,b=2;
if (a&b) printf( “***\n” );
else printf( “$$$\n” );
```

22．设有定义“char a,b;”，若要通过 a&b 运算屏蔽掉 a 中的其他位，只保留第 2 位和第 8 位（右起为第 1 位），则 b 的二进制数是 ________。

23．测试 char 型变量 a 第 6 位是否为 1 的表达式是 ________（设最右位是第 1 位）。

24．设 x 是一个整数（16 bit），若要通过 x|y 使 x 低 8 位置 1、高 8 位不变，则 y 的八进制数是 ________。

25．设 x=10100011，若要通过 x^y 使 x 的高 4 位取反、低 4 位不变，则 y 的二进制数是 ________。

26．若 x=0123，则表达式 (5+(int)(x))&(2) 的值为 ________。

27．把 int 类型变量 low 中的低字节及变量 high 中的高字节放入变量 s 中的表达式是 ________。

28．以下程序的输出结果是 ________。

```
unsigned a=16;
printf("%d,%d,%d\n",a>>2,a=a>>2,a);
```

29．以下程序的输出结果是 ________。

```
int main()
{
   char a=0x95,b,c;
   b=(a&0xf)<<4;
   c=(a&0xf0)>>4;
   a=b|c;
   printf(“%x\n”,a);
   return 0;
}
```

三、阅读程序题

1．阅读程序，分析结果。

```
#include <stdio.h>
int main()
{
   int a=2,b=3,c;
   c=a;
   if (a>b) c=1;
   else if (a==b) c=0;
   else c=-1;
   printf("%d\n",c);
   return 0;
}
```

2．阅读程序，分析结果。

```
#include <stdio.h>
int main()
{
   int a,b,c;
   int s,w,t;
   s=w=t=0;
   a=-1; b=3; c=3;
   if (c>0) s=a+b;
   if (a<=0)
   {
      if (b>0)
         if (c<=0) w=a-b;
   }
   else if (c>0) w=a-b;
   else t=c;
   printf("%d%d%d\n",s,w,t);
   return 0;
}
```

3．阅读程序，分析结果。

```
switch(grade)
{
   case 'A': printf("85-100\n");
   case 'B': printf("70-84\n");
   case 'C': printf("60-69\n");
   case 'D': printf("<60\n");
```

```
    default: printf("error!\n");
}
```

若 grade 的值为 C，则输出结果是什么？

4．阅读程序，分析结果。

```
#include <stdio.h>
int main()
{
  int x,y=1,z;
  if (y!=0) x=5;
  printf("\t%d\n",x);
  if (y==0) x=4;
  else x=5;
  printf("\t%d\n",x);
  x=1;
  if (y<0)
    if (y>0) x=4;
    else x=5;
  printf("\t%d\n",x);
  return 0;
}
```

5．阅读程序，分析结果。

```
#include <stdio.h>
int main()
{
  int x,y=-2,z;
  if ((z=y)<0) x=4;
  else if (y==0) x=5;
  else x=6;
  printf("\t%d\t%d\n",x,z);
  if (z=(y==0))x=5;
  x=4;
  printf("\t%d\t%d\n",x,z);
  if (x=z=y) x=4;
  printf("\t%d\t%d\n",x,z);
  return 0;
}
```

6．阅读程序，分析结果。

```
#include <stdio.h>
int main()
{
  int x=1,y=0,a=0,b=0;
  switch(x)
  {
   case 1:
     switch(y)
     {
       case 0: a++; break;
       case 1: b++; break;
     }
   case 2:
```

```
        a++; b++; break;
    }
    printf("a=%d,b=%d\n",a,b);
    return 0;
}
```

7．阅读程序，分析结果。

```
#include <stdio.h>
int main()
{
    char a=-8;unsigned char b=248;
    printf("%d,%d",a>>2,b>>2);
    return 0;
}
```

8．阅读程序，分析结果。

```
#include <stdio.h>
int main()
{
    unsigned char a,b;
    a=0x9d;
    b=0xa5;
    printf("a AND b:%x\n",a&b);
    printf("a OR b:%x\n",a|b);
    printf("a NOR b:%x\n",a^b);
    return 0;
}
```

四、程序填空题

1．以下程序的功能是计算某年某月有几天。其中判别闰年的条件是，能被 4 整除但不能被 100 整除的年是闰年，能被 400 整除的年也是闰年。请填入正确内容。

```
#include <stdio.h>
int main()
{
    int yy,mm,len;
    printf("year,month=");
    scanf("%d%d",&yy,&mm);
    switch(mm)
    {
        case 1:
        case 3:
        case 5:
        case 7:
        case 8:
        case 10:
        case 12: ___①___; break;
        case 4:
        case 6:
        case 9:
        case 11: len=30; break;
        case 2:
```

```
            if (yy%4==0&&yy%100!=0||yy%400==0) ____②____;
            else ____③____;
            break;
        default: printf("input error"); break;
    }
    printf("the length of %d%d is %d\n",yy,mm,len);
    return 0;
}
```

2．将以下程序改用嵌套的 if 语句实现。

```
int s,t,m;
t=(int)(s/10);
switch(t)
{
    case 10: m=5; break;
    case 9: m=4; break;
    case 8: m=3; break;
    case 7: m=2; break;
    case 6: m=1; break;
    default: m=0;
}
```

3．以下程序的功能是实现左右循环移位，当输入位移的位数是正整数时，循环右移；输入的位数是负整数时，循环左移。

```
#include <stdio.h>
moveright(unsigned value,int n)
{
    unsigned z;
    z=(value>>n)|(value<<(32-n));     // 若用 TC 则应将 32 改为 16
    return z;
}
moveleft(unsigned value,int n)
{
    unsigned z;
    ____①____;
}
int main()
{
    unsigned a;
    int n;
    printf(" 请输入一个八进制数：");
    scanf("%o",&a);
    printf(" 请输入位移的位数：");
    scanf("%d",&n);
    if ____②____
    {
        moveright(a.n);
        printf(" 循环右移的结果为：%o\n "，moveright(a,n));
    }
    else
    { ____③____;
```

```
        moveleft(a.n);
        printf(" 循环左移的结果为：%o\n ",moveleft(a,n));
    }
    return 0;
}
```

4．以下函数的功能是计算所用计算机中 int 型数据的字长（即二进制位的位数），不同类型机器上 int 型数据所分配的长度是不同的，该函数具有可移植性。

```
wordlength()
{
    int i;
    unsigned int v= ___①___ ;          // 将 int 型单元各二进制位置 1
    for(i=1;(v=v>>1)>0;i++);           // 计算 int 型单元中的位数
    return ___②___;
}
```

五、编写程序题

1．判断输入的正整数是否既是 5 的整倍数又是 7 的整倍数。若是，则输出 yes，否则输出 no。

2．输入整数 x、y 和 z，若 $x^2+y^2+z^2>1000$，则输出 $x^2+y^2+z^2$ 千位以上的数字，否则输出三数之和。

3．输入三角形的 3 条边长，求其面积。要求对于不合理的边长输入要输出数据错误的提示信息。

4．已知银行整存整取存款不同期限的月利率分别如下：

$$
月利率=\begin{cases}0.315\% & 期限1年\\0.330\% & 期限2年\\0.345\% & 期限3年\\0.375\% & 期限5年\\0.420\% & 期限8年\end{cases}
$$

要求输入存钱的本金和期限，求到期时能从银行得到的利息与本金的总和。

5．编写一个简单计算器程序，输入格式为“data1 op data2”。其中，data1 和 data2 是参加运算的两个数；op 为运算符，它的取值只能是 +、-、*、/。

6．输入一位学生的生日（年 : y0；月 : m0；日 : d0），并输入当前的日期（年 : y1；月 : m1；日 : d1），输出该学生的实足年龄。

7．输出一个由 8 ～ 11 位构成的整数。

8．从键盘上输入一个正整数给 int 型变量 num，按二进制位输出该数。

9．从终端读入十六进制无符号整数 m，调用函数 rightrot 将 m 中的原始数据循环右移 n 位，并输出移位前后的内容。

10．编写函数 getbits 从一个 16 位的单元中取出以 n1 开始至 n2 结束的某几位，起始位和结束位都从左向右计算。同时编写主函数调用 getbits 函数进行验证。

参考答案

一、选择题

1．C　　2．D　　3．C　　4．D　　5．D　　6．C　　7．D

8．D　9．C　10．B　11．C　12．A　13．D　14．A

15．A　16．A　17．B　18．B

二、填空题

1．逻辑　1（非0）　0

2．单目　从右至左

3．非0　0

4．x<z||y<z

5．x<-10||x>2&&x<3

6．(ch>='A')&&(ch<='Z')

7．0

8．1

9．0

10．k==0

11．三　从右至左

12．min=(a<b)?a:b;

13．1

14．5　6

15．passwarn

16．585858

17．1

18．3

19．yes

20．取地址　按位与

21．$$$

22．10000010

23．a&040 或 a&0x20 或 a&32

24．0377

25．11110000

26．0130 或 88 或 0x58

27．s=high & 0xff00|low &0x00ff 或 s=high & 0177400|low & 0377 或 s=high & 65280|low & 255

28．1,4,16

29．59

三、阅读程序题

1．-1

2．2 0 0

3．60-69

<60

error!

4．5

5

1

5．4 -2

4 0

4 -2

6．a=2,b=1

7．-2,62

8．a AND b:85

a OR b:bd

a NOR b:38

四、程序填空题

1．① len=31 ② len=29 ③ len=28

2．参考程序：

```
int s,m;
if ((s<60)||(s>109)) m=0;
else if (s<70) m=1;
    else if (s<80) m=2;
        else if (s<90) m=3;
            else if (s<100) m=4;
                else m=5;
```

3．① z=(value>>(32-n))|(value<<n) 注：若用 TC 则应将 32 改为 16 ② (n>0) ③ n=-n

4．① ~0 ② i

五、编写程序题

1．参考程序：

```
#include <stdio.h>
int main()
{
   int x;
   if (x%5==0&&x%7==0)
      printf("yes\n");
   else
      printf("no\n");
   return 0;
}
```

2．参考程序：

```
#include <stdio.h>
int main()
{
   int x,y,z,a,b;
   scanf("%d%d%d",&x,&y,&z);
   a=x*x+y*y+z*z;
```

```
  if (a>1000)
    {b=a/1000;printf("%d,%d\n",a,b);}
  else printf("%d,%d\n",a,x+y+z);
  return 0;
}
```

3．参考程序：

```
#include <stdio.h>
#include <math.h>
int main()
{
  float a,b,c,s,area;
  scanf("%f,%f,%f",&a,&b,&c);
  if (a+b>c&&b+c>a&&a+c>b)
  {
    s=1.0/2*(a+b+c);
    area=sqrt(s*(s-a)*(s-b)*(s-c));
    printf("area=%7.2f\n",area);
  }
  else
    printf("Data error!\n");
  return 0;
}
```

4．参考程序：

```
#include <stdio.h>
int main()
{
  int year;
  float money,rate,total;                //money: 本金   rate: 月利率   total: 本利总和
  printf("Input money and year =?");
  scanf("%f%d", &money, &year);          // 输入本金和存款年限
  if (year==1) rate=0.00315;             // 根据年限确定利率
  else if (year==2) rate=0.00330;
  else if (year==3) rate=0.00345;
  else if (year==5) rate=0.00375;
  else if (year==8) rate=0.00420;
  else rate=0.0;
  total=money+money*rate*12*year;        // 计算到期的本利总和
  printf(" Total=%.2f\n", total);
  return 0;
}
```

5．参考程序：

```
#include <stdio.h>
int main()
{
  float data1, data2;
  char op;
  printf("Enter your expression:");
  scanf("%f%c%f",&data1,&op,&data2);
  switch(op)                                   //根据运算符分别进行处理
  {
```

```
        case '+' :
            printf("%.2f+%.2f=%.2f\n", data1, data2, data1+data2); break;
        case '-' :
            printf("%.2f-%.2f=%.2f\n", data1, data2, data1-data2); break;
        case '*' :
            printf("%.2f*%.2f=%.2f\n", data1, data2, data1*data2); break;
        case '/' :
            if ( data2==0 )                               // 若除数为 0，给出提示
              printf("Division by zero.\n");
            else
            printf("%.2f/%.2f=%.2f\n",data1,data2,data1/data2);
        break;
        default:                                          // 输入了其他运算符
        printf("Unknown operater.\n");
    }
    return 0;
}
```

6．参考程序：

```
#include <stdio.h>
int main()
{
    int y0,m0,d0,y1,m1,d1,age;
    printf("please input birthday：\n");
    scanf("%d%d%d",&y0,&m0,&d0);                          // 输入出生日期
    printf("please input current date：\n");
    scanf("%d%d%d",&y1,&m1,&d1);                          // 输入当前的日期
    age=y1-y0;
    if (m1<m0) age--;
    else if (m1==m0&&d1<d0) age--;                        // 计算年龄
      printf("age=%d\n",age);                             // 输出年龄
    return 0;
}
```

7．参考程序：

```
#include <stdio.h>
int main()
{
    int num, mask;
    printf("Input a integer number: ");
    scanf("%d",&num);
    num>>=8;                    // 右移 8 位，将 8 ～ 11 位移到低 4 位上
    mask=~(~0<<4);              // 间接构造 1 个低 4 位为 1、其余各位为 0 的整数
    printf("result=0x%x\n",num&mask);
    return 0;
}
```

8．参考程序：

```
#include <stdio.h>
int main()
{
    int num,mask,i;
    printf("Input a integer number: ");
```

```
    scanf("%d",&num);
    mask=1<<15;                        // 构造 1 个最高位为 1、其余各位为 0 的整数（屏蔽字）
    printf("%d=" ,num);
    for(i=1;i<=16;i++)
    {
        putchar(num&mask?'1':'0');     // 输出最高位的值 (1/0)
        num<<=1;                       // 将次高位移到最高位上
        if (i%4==0) putchar(',');      // 4 位一组，用逗号分开
    }
    printf("\bB\n");
    return 0;
}
```

9．参考程序：

```
#include <stdio.h>
int main()
{
    unsigned rightrot(unsigned a,int n);
    unsigned int m,b;
    int n;
    printf("enter m and n: ");
    scanf("%x,%d",&m,&n);
    printf("m=%x,n=%d\n",m,n);
    b=rightrot(m,n);
    printf("b=%x\n",b);
    return 0;
}
unsigned rightrot(unsigned a,int n)
{
    int rb;
    while(n-->0)
    rb=(a&1)<<(16-1);           // 分离出最低位
    a=a>>1;
    a=a|rb;                     // 将移出的低位置于最高位
    return a;
}
```

10．参考程序：

```
#include <stdio.h>
unsigned getbits(unsigned,int,int);
int n1,n2;
int main()
{
    unsigned x;
    printf(" 请输入一个八进制数 x: "),
    scanf("%o",&x);
    printf(" 请输入起始位 n1, 结束位 n2:");
    scanf("%d,%d",&n1,&n2);
    printf("%o",getbits(x,n1-1,n2));
    return 0;
}
unsigned getbits(unsigned value,int nl,int n2)
{
```

```
    unsigned z;
    z=~0;
    z=(z>>n1)&(z<<(16-n2));
    z=value&z;
    z=z>>(16-n2);
    return z;
}
```

3.5 循环结构

一、选择题

1．C 语言中 while 循环和 do-while 循环的主要区别是（　　）。

A．do-while 的循环体至少无条件执行一次

B．while 的循环控制条件比 do-while 的循环控制条件严格

C．do-while 允许从外部转到循环体内

D．do-while 的循环体不能是复合语句

2．以下描述中正确的是（　　）。

A．由于 do-while 循环中循环体语句只能是一条可执行语句，所以循环体内不能使用复合语句

B．do-while 循环由 do 开始，用 while 结束，在“while(表达式)”后面不能写分号

C．在 do-while 循环体中，一定要有能使 while 后面表达式的值变为零的操作

D．do-while 循环中，根据情况可以省略 while

3．已知“int i=1;”，执行语句“while (i++<4);”后，变量 i 的值为（　　）。

A．3　　B．4　　C．5　　D．6

4．语句“while(!E);”中的表达式 !E 等价于（　　）。

A．E==0　　B．E!=1　　C．E!=0　　D．E==1

5．以下有关 for 循环描述正确的是（　　）。

A．for 循环只能用于循环次数已经确定的情况

B．for 循环是先执行循环体语句，后判断表达式

C．在 for 循环中，不能用 break 语句跳出循环体

D．for 循环的循环体语句中，可以包含多条语句，但必须用花括号括起来

6．对 for(表达式 1;; 表达式 3) 语句可理解为（　　）。

A．for(表达式 1;0; 表达式 3)　　B．for(表达式 1;1; 表达式 3)

C．for(表达式 1; 表达式 1; 表达式 3)　　D．for(表达式 1; 表达式 3; 表达式 3)

7．下列说法中正确的是（　　）。

A．break 语句用在 switch 语句中，而 continue 语句用在循环语句中

B．break 语句用在循环语句中，而 continue 语句用在 switch 语句中

C．break 语句能结束循环，而 continue 语句只能结束本次循环

D．continue 语句能结束循环，而 break 语句只能结束本次循环

8．以下描述正确的是（　　）。

A．continue 语句的作用是结束整个循环的执行

B．只能在循环体内和 switch 语句体内使用 break 语句

C．在循环体内使用 break 语句或 continue 语句的作用相同

D．从多层循环嵌套中退出时，只能使用 goto 语句

9．有以下程序：

```
int n=0,p;
do{scanf("%d",&p);n++;}while(p!=12345 &&n<3);
```

此处 do-while 循环的结束条件是（　　）。

A．p 的值不等于 12345 并且 n 的值小于 3

B．p 的值等于 12345 并且 n 的值大于等于 3

C．p 的值不等于 12345 或 n 的值小于 3

D．p 的值等于 12345 或 n 的值大于等于 3

10．若 i 为整型变量，则以下循环执行次数是（　　）。

```
for(i=2;i==0;) printf("%d",i--);
```

A．无限次　　B．0 次　　C．1 次　　D．2 次

11．以下不是无限循环的语句为（　　）。

A．for(y=0,x=1;x>++y;x=i++) i=x　　B．for(;;x++=i);

C．while(1) x++;　　D．for(i=10;;i--) sum+=i;

12．以下程序的输出结果是（　　）。

```
for(t=1;t<=100;t++)
{
  scanf("%d",&x);
  if (x<0) continue;
  printf("%3d",t);
}
```

A．当 x<0 时整个循环结束　　B．x>=0 时什么也不输出

C．printf 函数永远也不执行　　D．最多允许输出 100 个非负整数

13．以下程序的输出结果是（　　）。

```
x=3;
do{
  y=x--;
  if (!y) { printf("x"); continue; }
  printf("#");
 }while(1<=x<=2);
```

A．将输出 ##　　B．将输出 ##*

C．是死循环　　D．含有不合法的控制表达式

14．以下程序的输出结果是（　　）。

```
#include <stdio.h>
int main()
{
```

```
    int y=10;
    do{ y--; }while(--y);
    printf("%d\n",y--);
    return 0;
}
```

A. -1　　B. 1　　C. 8　　D. 0

15. 若从键盘输入 2473，则下面程序的运行结果是（　　）。

```
#include <stdio.h>
int main()
{
    int c;
    while((c=getchar())!='\n')
        switch(c-'2')
        {
            case 0:
            case 1: putchar(c+4);
            case 2: putchar(c+4); break;
            case 3: putchar(c+3);
            default: putchar(c+2); break;
        }
    printf("\n");
    return 0;
}
```

A. 668977　　B. 668966　　C. 66778777　　D. 6688766

16. 以下程序的输出结果是（　　）。

```
#include <stdio.h>
int main()
{
    int i,j,k=0,m=0;
    for(i=0;i<2;i++)
        {
            for(j=0; j<3; j++) k++;
            k-=j;
        }
    m=i+j;
    printf("k=%d, m=%d\n",k,m);
    return 0;
}
```

A. k=0,m=3　　B. k=0,m=5　　C. k=1,m=3　　D. k=1,m=5

17. 以下程序的输出结果是（　　）。

```
int main()
{
    int i;
    for(i=1;i<6;i++)
    {
        if (i%2) {printf("#");continue;}
        printf("*");
    }
    printf("\n");
```

```
  return 0;
}
```

A．*#*#*　　B．#####　　C．*****　　D．#*#*#

18．以下程序的输出结果是（　　）。

```
#include <stdio.h>
int main()
{
  int i=0,a=0;
  while(i<20)
  {
    for(;;)
    {
      if ((i%10)==0) break;
      else i--;
    }
    i+=11; a+=i;
  }
  printf("%d\n",a);
  return 0;
}
```

A．11　　B．21　　C．32　　D．33

19．以下程序的输出结果是（　　）。

```
#include <stdio.h>
int main()
{
  int i;
  for(i=0;i<3;i++)
    switch(i)
    {
      case 1: printf("%d",i);
      case 2: printf("%d",i);
      default: printf("%d",i);
    }
  return 0;
}
```

A．011122　　B．012　　C．012020　　D．120

20．以下程序的输出结果是（　　）。

```
#include <stdio.h>
int main()
{
  int i=0,s=0;
  do
  {
    if (i%2){i++;continue;}
    i++;
    s +=i;
  }while(i<7);
  printf("%d\n",s);
  return 0;
}
```

A．12　　B．16　　C．21　　D．28

21．按顺序读入 10 名学生 4 门课程的成绩，计算出每位学生的平均成绩并输出。程序如下：

```
#include <stdio.h>
int main()
{
  int n,k;
  float score ,sum,ave;
  sum=0.0;
  for(n=1;n<=10;n++)
  {
     for(k=1;k<=4;k++)
     {scanf("%f",&score); sum+=score;}
      ave=sum/4.0;
      printf("NO%d:%f\n",n,ave);
  }
  return 0;
}
```

上述程序运行后结果不正确，调试中发现有一条语句出现在程序中的位置不正确，这条语句是（　　）。

A．sum=0.0;　　　　B．sum+=score;

C．ave=sum/4.0;　　　　D．printf("NO%d:%f\n",n,ave);

二、填空题

1．要使以下程序段输出 10 个整数，请填入一个整数。

```
for(i=0;i<= ____;printf("%d\n",i+=2));
```

2．若有如下程序段，其中 s、a、b、c 均已定义为整型变量，且 a、c 均已赋值（c 大于 0），则与以下程序段功能等价的赋值语句是 ________。

```
s=a;
for(b=1;b<=c;b++) s=s+1;
```

3．设有以下程序段：

```
int k=0;
while(k=1)k++;
```

则 while 循环执行的次数是 ________。

4．设有以下程序段：

```
int k=10;
while(k) k=k-1;
```

则 while 循环执行 ________ 次。

5．执行下面程序段后，k 值是 ________。

```
k=1; n=263;
do{k*=n%10; n/=10;}while(n);
```

6．若 for 循环用以下形式表示：

```
for( 表达式 1; 表达式 2; 表达式 3) 循环体语句
```

则执行语句“for(i=0;i<3;i++) printf("*");”时，表达式 1 执行 ________ 次，表达式 3 执行 ________ 次。

7．以下程序的运行结果是 ________。

```
#include <stdio.h>
int main()
{
    int a,s,n,count;
    a=2; s=0; n=1; count=1;
    while(count<=7) { n=n*a; s=s+n; ++count; }
    printf("s=%d",s);
    return 0;
}
```

8．以下程序的输出结果是 ________。

```
x=2;
do{ printf("*"); x--; }while(!x==0);
```

9．若从键盘输入 China#，则以下程序的输出结果是 ________。

```
#include <stdio.h>
int main()
{
    int v1=0,v2=0; char ch;
    while((ch=getchar())!='#')
    switch(ch)
    {
        case 'a':
        case 'h':
        default: v1++;
        case 'o': v2++;
    }
    printf("%d,%d\n",v1,v2);
    return 0;
}
```

10．设有以下程序：

```
#include <stdio.h>
int main()
{
    int n1,n2;
    scanf("%d",&n2);
    while(n2!=0)
      {
        n1=n2%10;
        n2=n2/10;
        printf("%d",n1);
      }
    return 0;
}
```

程序运行后，若从键盘上输入 1298，则输出结果为 ________。

11．以下程序的输出结果是 ________。

```
#include <stdio.h>
int main()
{
    int x=15;
    while(x>10&&x<50)
```

```
    {
        x++;
        if (x/3){x++;break;}
            else continue;
    }
    printf("%d\n",x);
    return 0;
}
```

12．以下程序的输出结果是 ________。

```
#include <stdio.h>
int main()
{
    int i,m=0, n=0, k=0;
    for (i=9; i<=11; i++)
    switch(i/10)
    {
        case 0 : m++; n++; break;
        case 10: n++;break;
        default: k++;n++;
    }
    printf("%d%d%d\n",m,n,k);
    return 0;
}
```

13．以下程序的功能是计算 1 ～ 10 之间奇数之和及偶数之和，则下画线处应填入 ________。

```
#include <stdio.h>
int main()
{
    int a, b, c, i;
    a=c=0;
    for(i=0;i<10;i+=2)
    {
        a+=i;
            ;
        c+=b;
    }
    printf(" 偶数之和 =%d\n",A．;
    printf(" 奇数之和 =%d\n",c-11);
    return 0;
}
```

14．以下程序的功能是输出 100 以内能被 3 整除且个位数为 6 的所有整数，则下画线处应填入 ________。

```
#include <stdio.h>
int main()
{
    int  i, j;
    for(i=0; ________; i++)
    {
        j=i*10+6;
        if (________) continue;
        printf("%d",j);
```

```
    }
    return 0;
}
```

三、阅读程序题

1．阅读程序，分析结果。

```
#include <stdio.h>
int main()
{
    int i,j,x=0;
    for(i=0;i<2;i++)
    {
        x++;
        for(j=0;j<=3;j++)
        {
            if (j%2) continue;
            x++;
        }
        x++;
    }
    printf("x=%d\n",x);
    return 0;
}
```

2．阅读程序，分析结果。

```
#include <stdio.h>
int main()
{
    int i,j,k=19;
    while(i=k-1)
    {
        k-=3;
        if (k%5==0) { i++; continue; }
        else if (k<5) break;
        i++;
    }
    printf("i=%d,k=%d\n",i,k);
    return 0;
}
```

3．阅读程序，分析结果。

```
#include <stdio.h>
int main()
{
    int i,j;
    for(i=4;i>=1;i--)
    {
        for(j=1;j<=i;j++) putchar('#');
        for(j=1;j<=4-i;j++) putchar('*');
        putchar('\n');
    }
    return 0;
}
```

4．阅读程序，分析结果。

```
#include <stdio.h>
int main()
{
  int i,k=0;
  for(i=1;;i++)
  {
    k++;
     while(k<i*i)
    {
      k++;
      if (k%3==0) goto loop;
    }
  }
  loop: printf("%d,%d",i,k);
  return 0;
}
```

四、程序填空题

1．以下程序的功能是计算正整数 2345 的各位数字平方和。

```
#include <stdio.h>
int main()
{
  int n,sum=0;
  n=2345;
  do
  {
    sum=sum+____①____;
    n=____②____;
  }while(n);
  printf("sum=%d",sum);
  return 0;
}
```

2．以下程序的功能是对从键盘输入的一组字符统计出其大写字母的个数 m 和小写字母的个数 n，并输出 m、n 中的较大者。

```
#include <stdio.h>
int main()
{
  int m=0,n=0;
  char c;
  while((____①____)!='\n')
  {
    if (c>='A'&&c<='Z') m++;
    if (c>='a'&&c<='z') n++;
  }
  printf("%d\n",m<n?____②____);
  return 0;
}
```

3．以下程序的功能是用辗转相除法求两个正整数的最大公约数。

```
#include <stdio.h>
```

```
int main()
{
  int r,m,n;
  scanf("%d %d",&m,&n);
  if (m<n)   ①   ;
  r=m%n;
  while(r) { m=n; n=r; r=   ②   ; }
  printf("%d\n",n);
  return 0;
}
```

4．以下程序的功能是用 do-while 语句求 1 ～ 1000 之间满足“用 3 除余 2，用 5 除余 3，用 7 除余 2”的数，且一行只打印 5 个数。

```
#include <stdio.h>
int main()
{
  int i=1,j=0;
  do
  {
    if (   ①   )
    {
      printf("%4d",i);
      j=j+1;
      if (   ②   ) printf("\n");
    }
    i=i+1;
  }while(i<1000);
  return 0;
}
```

5．等差数列的第 1 项 a=2，公差 d=3，以下程序的功能是在前 n 项和中，输出能被 4 整除的所有的和。

```
#include <stdio.h>
int main()
{
  int a,d,sum;
  a=2; d=3; sum=0;
  do
  {
    sum+=a;
    ①
    if (   ②   ) printf("%d\n",sum);
  }while(sum<200);
  return 0;
}
```

6．以下程序段的功能是计算 1000! 的末尾含有多少个零。（提示：只要算出 1000! 中含有因数 5 的个数即可。）

```
for(k=0,i=5;i<=1000;i+=5)
{
  m=i;
  while(      ){k++; m=m/5;}
}
```

7．以下程序的功能是求算式 xyz+yzz=532 中 x、y、z 的值（其中 xyz 和 yzz 分别表示一个三位数）。

```
#include <stdio.h>
int main()
{
   int x,y,z,i,result=532;
   for(x=1;x<10;x++)
      for(y=1;y<10;y++)
         for(____①____;z<10;z++)
         {
            i=100*x+10*y+z+100*y+10*z+z;
            if (____②____) printf("x=%d,y=%d,z=%d\n",x,y,z);
         }
   return 0;
}
```

8．以下程序的功能是求用数字 0 ～ 9 可以组成多少个各位数字没有重复的三位偶数。

```
#include <stdio.h>
int main()
{
   int n,i,j,k;
   n=0;
   for(i=1;i<9;i++)
      if (k=0;k<=8; ____①____)
      if (k!=i)
   for(j=1;j<9;j++)
      if (____②____) n++;
   printf("n=%d\n",n);
   return 0;
}
```

9．以下程序的功能是输出 1 ～ 100 之间每位数的乘积大于每位数的和的数。

```
#include <stdio.h>
int main()
{
   int n,k=1,s=0,m;
   for(n=1;n<=100;n++)
   {
      k=1;s=0;
      ____①____;
      while(____②____)
      {
         k*=m%10;
         s+=m%10;
         ____③____;
      }
   if (k>s) printf("%d",n);
   }
   return 0;
}
```

10．以下程序的功能是从 3 个红球、5 个白球、6 个黑球中任意取出 8 个球，且其中必须有白球，输出所有可能的方案。

```
#include <stdio.h>
int main()
{
   int i,j,k;
   printf("\n hong bai hei \n");
   for(i=0;i<=3;i++)
      for(    ①    ;j<=5;j++)
      {
        k=8-i-j;
        if (    ②    )
        printf("%3d%3d%3d\n",i,j,k);
      }
   return 0;
}
```

11．若用 0 ～ 9 之间不同的 3 个数构成一个三位数，以下程序将统计出共有多少种方法。

```
#include <stdio.h>
int main()
{
   int i,j,k,count=0;
   for(i=1;i<=9;i++)
   for(j=0;j<=9;j++)
   if (    ①    ) continue;
   else for(k=0;k<=9;k++)
   if (    ②    ) count++
   printf("%d",count);
   return 0;
}
```

五、编写程序题

1．计算下列 y 的值：

$$y=1+\frac{1}{x}+\frac{1}{x^2}+\frac{1}{x^3}+\frac{1}{x^4}+\cdots \quad (x>1)$$

直到某一项小于或等于 10^{-6} 时为止。

2．有一分数序列$\frac{2}{1},\frac{3}{2},\frac{5}{3},\frac{8}{5},\frac{13}{8},\cdots$，求出这个数列的前 20 项之和。

3．从键盘输入任意的字符，按下列规则进行分类计数：第 1 类是数字字符，第 2 类是 +、-、*、/、%、=，第 3 类为其他字符。当输入字符 \ 时先计数，然后停止接收，输出计数的结果。

4．求解爱因斯坦数学题。有一条长阶梯，若每步跨 2 阶，则最后剩余 1 阶；若每步跨 3 阶，则最后剩 2 阶；若每步跨 5 阶，则最后剩 4 阶；若每步跨 6 阶，则最后剩 5 阶；若每步跨 7 阶，则正好一阶不剩。请问，这条阶梯共有多少阶？

5．每个苹果 0.8 元，第 1 天买 2 个苹果，从第 2 天开始，每天买前一天的 2 倍，直至购买的苹果个数达到不超过 100 的最大值，求每天平均花多少钱。

6．猴子吃桃问题。猴子第 1 天摘下若干个桃子，当即吃了一半，还不过瘾，又多吃了一个。第 2 天早上又将剩下的桃子吃掉一半，又多吃了一个。以后每天早上都吃了前一天剩下的一半零一个，到第 10 天早上再想吃时，只剩下一个桃子了，求第 1 天一共摘了多少桃子。

7．一辆卡车违反交通规则，撞人逃跑。现场有 3 人目击事件，但都没记住车号，只记下车号的一些特征。甲说，牌照的前两位数字是相同的；乙说，牌照的后两位数字是相同的；丙是位数学家，他说 4 位的车号刚好是一个整数的平方。根据以上线索求出车号。

8．100 匹马驮 100 担货，一匹大马驮 3 担，一匹中马驮 2 担，两匹小马驮 1 担。计算大、中、小马的数目。

9．输入 m 值，输出图 3-1 所示的数字倒三角图形。

10．输入 n 值，输出图 3-2 所示的 n×n（n <10）阶螺旋方阵。

```
1   3   6   10   15   21
  2   5   9   14   20
    4   8   13   19
      7   12   18
        11   17
          16
```

图 3-1　m=6 时的数字倒三角图形

1	2	3	4	5
16	17	18	19	6
15	24	25	20	7
14	23	22	21	8
13	12	11	10	9

图 3-2　n=5 时的螺旋方阵

参考答案

一、选择题

1. A	2. C	3. C	4. A	5. D	6. B	7. C
8. B	9. D	10. B	11. A	12. D	13. C	14. D
15. A	16. B	17. D	18. C	19. A	20. B	21. A

二、填空题

1．18

2．s=a+c;

3．无限次

4．10

5．36

6．1　3

7．s=254

8．**

9．5,5

10．8921

11．17

12．1 3 2

13．b=i+1

14．i<10　i % 3 != 0

三、阅读程序题

1．x=8

2．i=6,k=4

3．####

```
###*
##**
#***
```

4. 2,3

四、程序填空题

1. ① (n%10)*(n%10)　② n/10
2. ① c=getchar()　② n:m
3. ① r=m,m=n,n=r　② m%n
4. ① i%3==2&&i%5==3&&i%7==2　② j%5==0
5. ① a+=d　② sum%4==0
6. m%5==0
7. ① z=0　② i==result
8. ① k+=2　② j!=i&&j!=k
9. ① m=n　② m　③ m/=10
10. ① j=1　② k>=0&&k<=6
11. ① i==j　② k!=i&&k!=j

五、编写程序题

1. 参考程序：

```
#include <stdio.h>
#define eps 1e-6
int main()
{
  float x,f=1,y=0;
  scanf("%f",&x);
  while(1/f>eps)
  {
    y=y+1/f;
    f=f*x;
  }
  printf("y=%f\n",y);
  return 0;
}
```

2. 参考程序：

```
#include <stdio.h>
int main()
{
  int n,t,number=20;
  float a=2,b=1,s=0;
  for(n=1;n<number;n++)
  {
    s=s+a/b;
    t=a;
    a=a+b;
    b=t;
  }
```

```
    printf("s=%9.6f\n",s);
  return 0;
}
```

3．参考程序：

```
#include <stdio.h>
int main()
{
  int class1,class2,class3;
  char ch;
  class1=class2=class3=0;                    // 初始化分类计数器
  do
  { ch=getchar( );
    switch(ch)
    {
      case '0': case '1': case '2': case '3': case '4':
      case '5': case '6': case '7': case '8': case '9':
      class1++; break;                       // 对分类 1 计数
      case '+': case '-': case '*': case '/': case '%': case '=':
      class2++; break;                       // 对分类 2 计数
      default: class3++; break;              // 对分类 3 计数
    }
  }while (ch!='\\');                         // 字符 '\' 在 C 语言程序中要使用转义字符 '\\'
  printf("class1=%d,class2=%d,class3=%d\n",class1,class2,class3);
  return 0;
}
```

4．参考程序：

```
#include <stdio.h>
int main()
{ int i=1;                  //i 为所设的阶梯数
 while(!((i%2==1)&&(i%3==2)&&(i%5==4)&&(i%6==5)&&(i%7==0)))
    ++i;                    // 满足一组同余式的判别
 printf("Staris_number=%d\n",i);
 return 0;
}
```

5．参考程序：

```
#include <stdio.h>
int main()
{
  int day=0, buy=2;
  float sum=0.0,ave;
  do
  {
    sum+=0.8*buy;
    day++;
    buy*=2;}
  while(buy<=100);
  ave=sum/day;
  printf("%f",ave);
  return 0;
}
```

6．参考程序：

```
#include <stdio.h>
int main()
{
  int day,x1,x2;
  day=9;
  x2=1;
  while(day>0)
  {
    x1=(x2+1)*2;
    x2=x1;
    day--;
  }
  printf("total=%d\n",x1);
  return 0;
}
```

7．分析：按照题目的要求造出一个前两位数相同、后两位数相同且相互间又不同的整数，然后判断该整数是否是另一个整数的平方。

参考程序：

```
#include <stdio.h>
#include <math.h>
int main()
{
  int i,j,k,c;
  for(i=1;i<=9;i++)                    //i：车号前两位的取值
  for(j=0;j<=9;j++)                    //j：车号后两位的取值
  if ( i!=j )                          // 判断两位数字是否相异
  {
    k=i*1000+i*100+j*10+j;             // 计算出可能的整数
    for(c=31;c*c<k;c++);               // 判断该数是否为另一整数的平方
    if (c*c==k)
    printf("Lorry_No. is %d .\n",k);   // 若是，打印结果
  }
  return 0;
}
```

8．参考程序：

```
#include <stdio.h>
int main()
{
  int x,y,z,j=0;
  for(x=0; x<=33; x++)
  for(y=0; y<=(100-3*x)/2; y++)
  {
    z=100-x-y;
    if ( z%2==0&&3*x+2*y+z/2==100)
    printf("%2d:l=%2d m=%2d s=%2d\n",++j,x,y,z);
  }
  return 0;
}
```

9．分析：此题的关键是找到输出数字和行、列数的关系。分析图形每行中数字的关系发现，右边数字和前面数字之差逐次增 1；同列数字依然是这样的关系，编程的关键转换为找到每一行

左边的第 1 个数字，然后利用行和列的循环变量进行运算就可得到每个位置的数字。用 $a_{i,j}$ 表示第 i 行第 j 列的数字，则 $a_{i,1}=1$; 由第 i 行第 1 列的数字推出第 i+1 行第 1 列的数字是 $a_{i+1,1}=a_{i,1+i}$; 同样由第 j 列推出第 j+1 列的数字是 $a_{i,j+1}=a_{i,j+i+j}$。另外，只有当 j < i 时才输出数字。

参考程序：

```
#include <stdio.h>
int main()
{
    int i,j,m,n,k=1;                        //k 是第 1 列元素的值
    printf("Please enter m=");
    scanf("%d",&m);
    for(i=1;i<=m;i++)
    {
        n=k;                                //n 为第 i 行中第 1 个元素的值
        for(j=1;j<=m-i+1;j++)
        {
            printf("%3d",n);
            n=n+i+j;                        // 计算同行下一个元素的值
        }
        printf("\n");
        k=k+i;                              // 计算下一行中第 1 个元素
    }
    return 0;
}
```

10. 分析：可用不同的方案解决此问题，为了开阔读者的思路，这里给出了两个参考程序，其中第 2 个程序使用递归方法。

方案 1：

首先寻找输出数字和行列的关系。每圈有 4 个边，把每边的最后一个数字算为下边的开始，最外圈每边数字个数是 n-1 个，之后每边比外边一边少两个数字。因为数字是一行一行输出的，再分析每行数字的规律。用两个对角线将图形分为 4 个区域，为叙述方便，称 4 个区域为上区、下区、左区、右区。数字有 4 种规律：上区右边数字相对于左边数字增一；下区右边数字相对于左边数字减一；左区右边数字比左边数字增加了一圈数字；右区中各列数字则减少一圈的数字个数。例如，数字 24 和它左边的数字 15 比较，24 所在的圈每边 2 个数字（一圈 8 个数字），左边数字 15 加上 8 再加 1 就是 24。

根据以上分析，设 i、j 为行列号，n 为图形的总行数，则满足各区的范围是，上区为 $j \geqslant i$ 且 $j \leqslant n-i+1$；下区为 $j \leqslant i$ 且 $j \geqslant n-i+1$；左区为 $j<i$ 且 $j<n-i+1$；右区为 $j>i$ 且 $j>n-i+1$。

现在的问题是，如果知道一行在不同区域开始第 1 个位置的数字，然后该区后续的数字就可利用前面分析的规律得到。

对角线上的数字是分区点，对角线上相邻数字仍然相差一圈数字个数，读者可自行分析得到计算公式。

右区开始的第 1 个数字可以从上区结束时的数字按规律求出。

程序用变量 s 保存分区对角线上的数字。

参考程序 1：

```c
#include <stdio.h>
int main()
{
  int i,j,k,n,s,m,t;
  printf("Please enter n:");
  scanf("%d",&n);
  for(i=1;i<=n;i++)
  {
    s=(i<=(n+1)/2)? 1:3*(n-(n-i)*2-1)+1;
    m=(i<=(n+1)/2)? i:n-i+1;                    //m-1 是外层圈数
    for(k=1;k<m;k++) s+=4*(n-2*k+1);
    for(j=1;j<=n;j++)
    {
      if (j>=n-i+1&&j<=i)                       // 下区
      t=s-(j-(n-i))+1;
      if (j>=i&&j<=n-i+1)                       // 上区
      t=s+j-i;
      if (j>i&&j>n-i+1)                         // 右区
      t-=4*(n-2*(n-j+1))+1;
      if (j<i&&j<n-i+1)                         // 左区
      {
        if (j==1) t=4*(n-1)-i+2;
        else t+=4*(n-2*j+1)+1;
      }
     printf("%4d",t);
    }
    printf("\n");
  }
  return 0;
}
```

方案 2：

根据本题图形的特点，可以构造一个递归算法。我们可以将边长为 N 的图形分为两部分：第一部分为最外层的框架，第二部分为中间的边长为 N-2 的图形。

对于边长为 N 的正方形，若其中每个元素的行号为 i（$1 \leqslant i \leqslant N$），列号为 j（$1 \leqslant j \leqslant N$），第 1 行第 1 列元素表示为 $a_{1,1}$（$a_{1,1}=1$），则有：

对于最外层的框架可以用以下数学模型描述：

上边：$a_{1,j}=a_{1,1+j-1}$（$j \neq 1$）

右边：$a_{i,N}=a_{1,1+N+i-2}$（$i \neq 1$）

下边：$a_{i,1}=a_{1,1+4N-i-3}$（$i \neq 1$）

左边：$a_{N,j}=a_{1,1+3N-2-j}$（$j \neq 1$）

对于内层的边长为 N-2 的图形可以用以下数学模型描述：

左上角元素：$a_{i,i}=a_{i-1,i-1+4(N-2i-1)}$（$i > 1$）

若令 $a_{i,j}=fun(a_{i-1,i-1})+4(N-2i-1)$，当 $i < (N+1)/2$ 且 $j < (N+1)/2$ 时，min=MIN(i,j)，则有：

$a_{2,2}=fun(a_{1,1}, min, min, n)$

$a_{i,j}=fun(a_{2,2}, i-min+1, j-min+1, n-2*(min-1))$

可以根据上述原理，分别推导出 i 和 j 为其他取值范围时的 min 取值。根据上述递归公式，可以得到以下参考程序。

参考程序 2：

```
#include <stdio.h>
#define MIN(x,y) (x>y)?(y):(x)
fun(int a11, int i, int j, int n)
{
  int min, a22;
  if (i==j&&i<=1 ) return a11;
  else if (i==j&&i<=(n+1)/2) return fun(a11,i-1,i-1,n)+4*(n-2*i+3);
  else if (i==1&&j!=1) return a11+j-1;
  else if (i!=1&&j==n) return a11+n+i-2;
  else if (i!=1&&j==1 ) return a11+4*n-3-i;
  else if (i==n&&j!=1 ) return a11+3*n-2-j;
  else
  {
    if (i>=(n+1)/2&&j>=(n+1)/2) min = MIN(n-i+1,n-j+1);
    else if (i<(n+1)/2&&j>=(n+1)/2) min = MIN(i,n-j+1);
    else if (i>=(n+1)/2&&j<(n+1)/2) min = MIN(n-i+1,j);
    else min = MIN(i,j);
    a22 = fun(a11,min,min,n);
    return fun(a22, i-min+1, j-min+1, n-2*(min-1));
  }
}
int main()
{
  int a11=1, i, j, n;
  printf("Enter n=");
  scanf("%d", &n);
  for(i=1; i<=n; i++)
  {
    for(j=1; j<=n; j++)
    printf("%4d", fun(a11,i,j,n) );
    printf("\n");
  }
  return 0;
}
```

3.6 函　　数

一、选择题

1．若调用一个函数，且此函数中没有 return 语句，则说法正确的是（　　）。

A．该函数没有返回值

B．该函数返回若干个系统默认值

C．该函数能返回一个用户所希望的函数值

D．该函数返回一个不确定的值

2．C 语言规定，函数返回值的类型是由（　　）。

A．return 语句中的表达式类型决定　　B．调用该函数的主调函数类型决定

C．调用该函数时系统临时决定　　D．定义该函数时所指定的函数类型决定

3．以下错误的描述是（　　）。

A．函数调用可以出现在执行语句中

B．函数调用可以出现在一个表达式中

C．函数调用可以作为一个函数的形参

D．函数调用可以作为一个函数的实参

4．以下说法正确的是（　　）。

A．定义函数时，形参的类型说明可以放在函数体内

B．return 后面的值不能为表达式

C．若函数值的类型与返回值类型不一致，则以函数值类型为准

D．若形参与实参的类型不一致，则以实参类型为准

5．对于某个函数调用，不用给出被调用函数的原型的情况是（　　）。

A．被调用函数是无参函数　　B．被调用函数是无返回值的函数

C．函数的定义在调用处之前　　D．函数的定义在其他程序文件中

6．已知函数 f 的定义如下：

```
void f()
{…}
```

则函数定义中 void 的含义是（　　）。

A．执行函数 f 后，函数没有返回值　　B．执行函数 f 后，函数不再返回

C．执行函数 f 后，可以返回任意类型　　D．执行函数 f 后，函数返回不确定值

7．以下正确的函数定义形式是（　　）。

A．
```
double fun(int x;int y)
{ z=x+y;return z;}
```

B．
```
fun(int x,y)
{ int z=10;return z;}
```

C．
```
fun(x,y)
{ int x,y;double z;
  z=x+y;return z;}
```

D．
```
double fun(int x,int y)
{ double z;
  z=x+y;return z;}
```

8．以下程序有语法错误，有关错误的正确说法是（　　）。

```
#include <stdio.h>
int main()
{
  int G=5,k;
  void prt_char();
  …
  k=prt_char(G);
  …
  return 0;
}
```

A．语句“void prt_char();”有错，它是函数调用语句，不能用 void 说明

B．变量名不能使用大写字母

C．函数声明和函数调用语句之间有矛盾

D．函数名不能使用下画线

9．关于局部变量，下列说法正确的是（　　）。

A．定义该变量的程序文件中的函数都可以访问该变量

B．定义该变量的函数中的定义处以下的任何语句都可以访问该变量

C．定义该变量的复合语句的定义处以下的任何语句都可以访问该变量

D．局部变量可用于函数之间传递数据

10．关于全局变量，下列说法正确的是（　　）。

A．任何全局变量都可以被应用系统中任何程序文件中的任何函数访问

B．任何全局变量都只能被定义它的程序文件中的函数访问

C．任何全局变量都只能被定义它的函数中的语句访问

D．全局变量可用于函数之间传递数据

11．以下说法不正确的是（　　）。

A．在不同函数中可以使用相同名字的变量

B．形式参数是局部变量

C．在函数内定义的变量只在本函数范围内有效

D．在函数内的复合语句中定义的变量在本函数范围内有效

12．不进行初始化即可自动获得初值 0 的变量包括（　　）。

A．任何用 static 修饰的变量

B．任何在函数外定义的变量

C．局部变量和用 static 修饰的全局变量

D．全局变量和用 static 修饰的局部变量

13．C 语言的编译系统对宏命令的处理是（　　）。

A．在程序运行时进行的

B．在程序连接时进行的

C．和 C 语言程序中的其他语句同时进行编译的

D．在对源程序中其他成分正式编译之前进行的

14．在 C 语言中，对于存储类别为（　）的变量，只有在使用它们时才占用内存单元。

A．static 和 auto　　　　B．register 和 static

C．register 和 extern　　　　D．auto 和 register

15．以下程序的输出结果是（　　）。

```
#include <stdio.h>
void num()
{
  extern int x,y;
  int a=15,b=10;
  x=a-b;
  y=a+b;
}
int x,y;
int main()
{
  int a=7,b=5;
  x=a+b;
  y=a-b;
  num();
```

```
    printf("%d,%d\n",x,y);
    return 0;
}
```

A．12,2　　B．5,25　　C．1,12　　D．不确定

16．以下程序的输出结果是（　　）。

```
#include <stdio.h>
fun3(int x)
{ static int a=3;
    a+=x;
    return a;}
int main()
{ int k=2, m=1, n;
    n=fun3(k);
    n=fun3(m);
    printf("%d\n",n);
    return 0;
}
```

A．3　　B．4　　C．6　　D．9

17．以下程序的输出结果是（　　）。

```
#include <stdio.h>
int func(int a,int b)
{ return a+b;}
int main()
{
    int x=2,y=5,z=8,r;
    r=func(func(x,y),z);
    printf("%d\n",r);
    return 0;
}
```

A．12　　B．13　　C．14　　D．15

18．以下程序的输出结果是（　　）。

```
#include <stdio.h>
int a, b;
void fun()
{ a=100; b=200;}
int main()
{
    int a=5, b=7;
    fun();
    printf("%d%d \n", a,b);
    return 0;
}
```

A．100200　　B．57　　C．200100　　D．75

19．以下程序的输出结果是（　　）。

```
#include <stdio.h>
static incre()
{
    int x=1;
```

```
    x*=x+1;
    printf("%d ",x);
}
int x=3;
int main()
{
    int i;
    for (i=1;i<x;i++) incre();
    return 0;
}
```

A. 3 3　　B. 2 2　　C. 2 6　　D. 2 5

20．以下程序的输出结果是（　　）。

```
#include <stdio.h>
int a=3;
int main()
{
    int s=0;
    {int a=5;s+=a++;}
      s+=a++;printf("%d\n",s);
    return 0;
}
```

A. 8　　B. 10　　C. 7　　D. 11

21．以下程序的输出结果是（　　）。

```
#define SQR(X) X*X
#include <stdio.h>
int main()
{
    int a=16, k=2, m=1;
    a/=SQR(k+m)/SQR(k+m);
    printf("%d\n",a);
    return 0;
}
```

A. 16　　B. 2　　C. 9　　D. 1

22．程序中头文件 typel.h 的内容如下：

```
#define N 5
#define M1 N*3
```

程序如下：

```
#include "type1.h"
#define M2 N*2
#include <stdio.h>
int main()
{
    int i;
    i=M1+M2; printf("%d\n",i);
    return 0;
}
```

程序编译后运行的输出结果是（　　）。

A. 10　　B. 20　　C. 25　　D. 30

23．以下程序的输出结果是（　　）。

```
#include <stdio.h>
#define SUB(X,Y) (X)*Y
int main()
{
  int a=3, b=4;
  printf("%d", SUB(a++,b++));
  return 0;
}
```

A．12　　B．15　　C．16　　D．20

二、填空题

1．如果使用库函数，一般还应该在本文件开头用 ________ 命令将调用有关库函数时所需用到的信息包含到本文件中。

2．C 语言规定，简单变量作实参时，它和对应形参之间的数据传递方式是 ________，即实参对形参的数据传送是单向的，只能把 ________ 的值传送给 ________。

3．C 语言允许函数值类型缺省定义，此时该函数值隐含的类型是 ________。

4．如果一个函数直接或间接地调用自身，这样的调用被称为 ________。

5．已知函数 swap(int x,int y) 可完成对 x 和 y 值的交换。运行下面的程序：

```
#include <stdio.h>
int swap(int x,int y)
{
  int t;
  t=x; x=y; y=t;
  return x,y;
}
int main()
{
  int a=1,b=2;
  swap(a,b);
  printf("%d,%d\n",a,b);
  return 0;
}
```

a 和 b 的值分别为 ________，原因是 ________。

6．若一个函数只允许同一程序文件中的函数调用,则应在该函数定义前加上 ________ 修饰。

7．凡是函数中未指定存储类别的变量，其隐含的存储类别为 ________。

8．有定义“double var;”且 var 是文件 file1.c 中的一个全局变量定义，若文件 file2.c 中的某个函数也需要访问 var，则在文件 file2.c 中 var 应说明为 ________。

9．在函数外定义的变量被称为 ________ 变量。

10．根据函数能否被其他文件调用，将函数分为 ________ 和 ________，分别用 ________ 和 ________ 修饰，缺省时系统默认为 ________。

11．在一个 C 语言源程序文件中，若要定义一个只允许本源程序文件中所有函数使用的全局变量，则该变量需要使用的存储类别是 ________。

12．C 语言中有 3 种预处理命令：________、________、________。

13．预处理命令均以________符号开头，它不是C语句，不必在行末加________。

14．宏定义分为________的宏定义和________的宏定义。

15．要使用strcpy函数，需要在使用前包含________文件，而要使用sqrt或fabs函数，需要在使用前包含________文件。

三、阅读程序题

1．阅读程序，分析结果。

```
#include <stdio.h>
int max(int x,int y)
{
    int z;
    z=(x>y)?x:y;
    return z;
}
int main()
{
    int a=1,b=2,c;
    c=max(a,b);
    printf("max is %d\n",c);
    return 0;
}
```

2．阅读程序，分析结果。

```
#include <stdio.h>
void func2(int x)
{
    x=30;
    printf("%d\n",x);
}
void func1( int x)
{
    x=20;
    func2(x);
    printf("%d\n",x);
}
int main()
{
    int x=10;
    func1(x);
    printf("%d\n",x);
    return 0;
}
```

3．阅读程序，分析结果。

```
#include <stdio.h>
int sub(int n);
int main()
{
    int i=5;
    printf("%d\n",sub(i));
    return 0;
}
```

```
int sub(int n)
{
  int a;
  if (n==1) return 1;
  a=n+sub(n-1);
  return a;
}
```

4．阅读程序，分析结果。

```
#include <stdio.h>
long fib(int g)
{
  switch(g)
  {
    case 0:return 0;
    case 1:case2:return 1;
  }
  return fib(g-1)+fib(g-2);
}
int main()
{
  long k;
  k=fib(7);
  printf("k=%d\n",k);
  return 0;
}
```

5．阅读程序，分析结果。

```
#include <stdio.h>
int main()
{
  int x=10;
  {
    int x=20;
    printf("%d ,",x);
  }
  printf("%d\n",x);
  return 0;
}
```

6．阅读程序，分析结果。

```
#include <stdio.h>
int plus(int x,int y);
int a=5;int b=7;
int main()
{
  int a=4,b=5,c;
  c=plus(a,b);
  printf("A+B=%d\n",c);
  return 0;
}
int plus(int x,int y)
{
  int z;
```

```
    z=x+y;
    return z;
}
```

7．阅读程序，分析结果。

```
#include <stdio.h>
void add();
int main()
{
    int i;
    for(i=0; i<3; i++)
    add();
    return 0;
}
void add()
{
    static int x=0;
    x++;
    printf("%d,",x);
}
```

8．阅读程序，分析结果。

```
#include <stdio.h>
int f(int);
int main()
{
    int a=2,i;
    for(i=0;i<3;i++)printf("%d",f(a));
    return 0;
}
int f(int a)
{
    int b=0;static int c=3;
    b++;c++;
    return a+b+c;
}
```

9．阅读程序，分析结果。

```
#include <stdio.h>
long fun(int n)
{
    long s;
    if ((n==1)||(n==2))
    s=2;
    else
    s=n+fun(n-1);
    return s;
}
int main()
{
    long x;
    x=fun(4);
    printf("%ld\n",x);
    return 0;
}
```

10．阅读程序，分析结果。

```
#include <stdio.h>
int func(int,int);
int main()
{
   int k=4,m=1,p;
   p=func(k,m); printf("%d,",p);
   p=func(k,m); printf("%d \n",p);
   return 0;
}
int func(int a,int b)
{
   static int m=0,i=2;
   i+=m+1;
   m=i+a+b;
   return m;
}
```

11．阅读程序，分析结果。

```
#include <stdio.h>
#define MAX(x,y) (x)>(y)?(x):(y)
int main()
{
   int a=5,b=2,c=3,d=3,t;
   t=MAX(a+b,c+d)*10;
   printf("%d\n",t);
   return 0;
}
```

12．阅读程序，分析结果。

```
#include <stdio.h>
#define MUL(x,y) (x)*y
int main()
{
   int a=3,b=4,c;
   c=MUL(a+1,b+2);
   printf("%d\n",c);
   return 0;
}
```

13．阅读程序，分析结果。

```
#include <stdio.h>
#define DEBUG
int main()
{
   int a=14,b=15,c;
   c=a/b;
   #ifdef DEBUG
   printf("a=%d,b=%d,",a,b);
   #endif
   printf("c=%d\n",c);
   return 0;
}
```

四、程序填空题

1. 以下程序的功能是计算以下分段函数的值。

$$y=\begin{cases}2.5-x & 0\leqslant x<2\\ 2-1.5(x-3)^2 & 2\leqslant x<4\\ \dfrac{x}{2}-1.5 & 4\leqslant x<6\end{cases}$$

```
#include <stdio.h>
double y(    ①    )
{
  if (x>=0&&x<2)
     return 2.5-x;
  else if (x>=2&&x<4)
     return 2-1.5*(x-3)*(x-3);
  else if (x>=4&&x<6)
     return x/2.0-1.5;
}
int main()
{
  float x;
  printf("Please enter x:");
  scanf("%f",&x);
  if (    ②    )
     printf("f(x)=%f\n",y(x));
  else
     printf("x is out!\n");
  return 0;
}
```

2. 以下程序的功能是求一个三位数，该三位数等于其每位数字的阶乘之和，即 abc = a!+b!+c!。

```
#include <stdio.h>
int main()
{
  int a[5],i,t,k;
  int f(int);
  for (i=100;i<1000;i++)
  {
    for(t=0,k=1000;k>=10;t++)
    {
      a[t]=(i%k)/(k/10);
        ①    
    }
    if (f(a[0])+f(a[1])+f(a[2])==i)
    printf("%d\n",i);
  }
  return 0;
}
int f(int m)
{
```

```
    int i=0,t=1;
    while(++i<=m)  ②
    return t;
}
```

3．以下程序的功能是用递归实现将输入小于 32768 的整数按逆序输出。例如输入 12345，则输出 54321。

```
#include <stdio.h>
void fr(int);
int main()
{
    int n;
    printf("Input n:");
    scanf("%d",&n);
    fr(n);
    printf("\n");
    return 0;
}
void fr(int m)
{
    printf ("%d",m%10);
    m=          ;
    if (m>0)  fr(m);
}
```

五、编写程序题

1．计算下面函数的值。

$$f(x,y,z)=\frac{\sin x}{\sin(x-y)\sin(x-z)}+\frac{\sin y}{\sin(y-z)\sin(y-x)}+\frac{\sin z}{\sin(z-x)\sin(z-y)}$$

2．设计一个函数，输出整数 n 的所有素数因子。

3．设计函数，从键盘输入一行字符，返回最长单词的长度，同时输出该单词的位置。

4．用递归方法计算 x 的 n 阶勒让德多项式的值。

$$p_n(x)=\begin{cases} 1 & n=0 \\ x & n=1 \\ \dfrac{(2n-1)xp_{n-1}(x)-(n-1)p_{n-2}(x)}{n} & n>1 \end{cases}$$

5．编写函数，采用递归方法将任一整数转换为二进制数。

6．根据输出半径 r，分别求圆的面积 S 和周长 L，用带参数的宏实现。

参考答案

一、选择题

1．D	2．D	3．C	4．C	5．C	6．A	7．D
8．C	9．B	10．D	11．D	12．D	13．D	14．D
15．B	16．C	17．D	18．B	19．B	20．A	21．B
22．C	23．A					

二、填空题

1．#include

2．传值方式　实参　形参

3．int

4．递归

5．1　2　形参变化不影响实参

6．static

7．auto

8．extern double var

9．全局

10．内部函数　外部函数　static　extern　extern

11．extern

12．宏定义　文件包含　条件编译

13．#　;

14．不带参数　带参数

15．string.h　math.h

三、阅读程序题

1．max is 2

2．30

20

10

3．15

4．k=13

5．20, 10

6．A+B=9

7．1, 2, 3

8．789

9．9

10．8,17

11．7

12．18

13．a=14,b=15,c=0

四、程序填空题

1．① float x　　② x>=0&&x<6

2．① k/=10;　　② t*=i;

3．m/10

五、编写程序题

1．参考程序：

```
#include <stdio.h>
#include <math.h>
```

```
float f(float,float,float);
int main()
 {
   float x,y,z,sum;
   printf("\ninput x,y,z:\n");
   scanf("%f%f%f",&x,&y,&z);
   sum=f(x,x-y,x-z)+f(y,y-z,y-x)+f(z,z-x,z-y);
   printf("sum=%f\n",sum);
   return 0;
 }
float f(float a,float b,float c)
 {
   float value;
   value=sin(a)/sin(b)/sin(c);
   return value;
 }
```

2．参考程序：

```
#include <stdio.h>
int prime(int n)
{
   int i,flag=1;
   for(i=2;i<=n/2;i++)
      if (n%i==0)
         {flag=0; return flag;}
   return flag;
}
void factor(int n)
{
   int i;
   i=2;
   while (i<=n)
   {
      if ((n%i==0)&&prime(i))
      {
         printf("%d  ",i);
         n=n/i;
         continue;
      }
      i++;
   }
}
int main()
{
   int num;
   printf("Enter num:");
   scanf("%d",&num);
   printf("prime factor is:\n");
   factor(num);
   return 0;
}
```

3．分析：程序的关键是如何判断单词。因为只有一行字符，回车符可用于控制程序结束，单词以空格、Tab 键作分隔符。inword 变量记录当前字符的状态，inword==1 表示当前字符在单词内，inword==0 表示当前字符不在单词内，max、num 变量记录当前最大单词的长度和开始位置。由于函数只能返回一个值，可以考虑将 max 变量作为函数的返回值，num 变量作为全局变量记录单词的开始位置。

参考程序：

```
#include <stdio.h>
int num;
int length()
{
   int max,count,weizhi,n;
   int c,inword=0;
   max=0; n=0;
   count=0; weizhi=1;
   while(c=getchar())
   {
      if ((c==' ')||(c=='\t')||(c=='\n'))
      {
         if ((inword==1)&&(count>max))
         {
            max=count;
            num=n;
         }
          if (c=='\n') return max;
          inword=0;
      }
      else if (inword==0)
       {
         inword=1;
         count=1;
         n=weizhi;
       }
      else count++;
      weizhi++;
   }
}
int main()
{
   printf("max=%d ",length());
   printf("num=%d\n",num);
   return 0;
}
```

4．参考程序：

```
#include <stdio.h>
float p(int n,int x)
{
   float t,t1,t2;
   if (n==0) return 1;
   if (n==1)
      return x;
   else
   {
```

```
        t1=(2*n-1)*x*p((n-1),x);
        t2=(n-1)*p((n-2),x);
        t=(t1-t2)/n;
        return t;
    }
}
```

5．参考程序：

```
#include <stdio.h>
void turn(int n,int a[ ],int k)
{
  if (n>0)
  {
    a[k]=n%2;
    turn(n/2,a,k-1);
  }
  else return;
}
int main()
{
  int i,n,a[16]={0};
  printf("Please enter n:");
  scanf("%d",&n);
  turn(n,a,15);
  for(i=0;i<16;i++)
    printf("%d",a[i]);
  return 0;
}
```

6．参考程序：

```
#include <stdio.h>
#define PI 3.14159
#define S(x) PI*x*x
#define L(x) 2*PI *x
int main()
{
  float  r ;
  scanf("%f",&r);
  printf("S=%.2f \n", S(r));
  printf("L=%.2f \n", L(r));
  return 0;
}
```

3.7 数　组

一、选择题

1．对定义语句“int a[10]={6,7,8,9,10};”的正确理解是（　　）。

A．将 5 个初值依次赋给 a[1] 至 a[5]

B．将 5 个初值依次赋给 a[0] 至 a[4]

C．将 5 个初值依次赋给 a[6] 至 a[10]

D．因为数组长度与初值的个数不相同，所以此语句不正确

2．以下能对一维数组 a 进行正确初始化的语句是（　　）。

A．int a[10]=(0,0,0,0,0);　　B．int a[10]={}

C．int a[]={0};　　D．int a[10]={10*1};

3．以下对一维整型数组 a 的正确定义是（　　）。

A．int a(10);　　B．int n=10,a[n];

C．int n;
scanf("%d",&n);
int a[n];　　D．#define SIZE 10
int a[SIZE];

4．要定义一个 int 型一维数组 art，并使其各元素具有初值 89，-23，0，0，0，下列不正确的定义语句是（　　）。

A．int art[5]={89,-23};　　B．int art[ ]={89,-23};

C．int art[5]={89,-23,0,0,0};　　D．int art[ ]={89,-23,0,0,0};

5．已知“int a[3][4]={0};”，则下面叙述正确的是（　　）。

A．只有元素 a[0][0] 可得到初值 0

B．此说明语句是错误的

C．数组 a 中的每个元素都可得到初值，但其值不一定为 0

D．数组 a 中的每个元素均可得到初值 0

6．以下正确的语句是（　　）。

A．int a[1][4]={1,2,3,4,5};　　B．float x[3][]={{1},{2},{3}};

C．long b[2][3]={{1},{1,2},{1,2,3}};　　D．double y[][3]={0};

7．若二维数组 a 有 m 列，则在 a[i][j] 之前的元素个数为（　　）。

A．i*m+j　　B．j*m+i　　C．i*m+j-1　　D．i*m+j+1

8．下列对 C 语言字符数组的描述中，错误的是（　　）。

A．字符数组可以存放字符串

B．字符数组的字符串可以整体输入、输出

C．可以在赋值语句中通过赋值运算符“=”对字符数组整体赋值

D．不可以用关系运算符对字符数组中的字符串进行比较

9．要使字符数组 str 存放一个字符串“ABCDEFGH”，正确的定义语句是（　　）。

A．char str[8]={'A','B','C','D','E','F','G','H'}；

B．char str[8]="ABCDEFGH"；

C．char str[ ]={'A','B','C','D','E','F','G','H'}；

D．char str[ ]="ABCDEFGH"；

10．要使字符数组 STR 含有“ABCD”“EFG”和“XY”三个字符串，不正确的定义语句是（　　）。

A．char STR[ ][4]={"ABCD","EFG","XY"};

B．char STR[ ][5]= {"ABCD","EFG","XY"};

C．char STR[ ][6]= {"ABCD","EFG","XY"};

D．char STR[ ][7]={{'A','B','C','D','\0'},"EFG","XY"};

11．有两个字符数组 a 和 b，则以下正确的输入格式是（　　）。

A．gets(a,b);　　B．scanf ("%s%s",a,b);

C．scanf("%s%s",&a,&b);　　D．gets("a"), gets("b");

12．若使用一维数组名作函数实参，则以下说法正确的是（　　）。

A．必须在主调函数中说明此数组的大小

B．实参数组类型与形参数组类型可以不匹配

C．在被调函数中，不需要考虑形参数组的大小

D．实参数组名与形参数组名必须一致

13．已有以下数组定义和 f 函数调用语句，则在 f 函数的说明中，对形参数组 array 的错误定义方式为（　　）。

```
int a[3][4];
f(a);
```

A．f(int array[][6])　　B．f(int array[3][])

C．f(int array[][4])　　D．f(int array[2][5])

14．以下程序的输出结果是（　　）。

```
char s[12]="string";
printf("%d",strlen(s));
```

A．12　　B．7　　C．6　　D．5

15．以下程序的输出结果是（　　）。

```
char c[]="\t\b\\\0will\n";
printf("%d", strlen (c));
```

A．14　　B．3　　C．9　　D．输出值不确定

16．以下程序的输出结果是（　　）。

```
#include <stdio.h>
int main()
{
   char arr[2][4];
   strcpy(arr,"you"); strcpy(arr[1],"me");
   arr[0][3]='&';
   printf("%s \n",arr);
   return 0;
}
```

A．you&ne　　B．you　　C．me　　D．err

17．以下程序的输出结果是（　　）。

```
#include <stdio.h>
int main()
{
   int  n[5]={0,0,0},i,k=2;
   for(i=0;i<k;i++)  n[i]=n[i]+1;
   printf("%d\n",n[k]);
   return 0;
}
```

A．不确定的值　B．2　　　　C．1　　　　D．0

18．以下程序的输出结果是（　　）。

```
#include <stdio.h>
int main()
{
   int a[3][3]={{1,2},{3,4},{5,6}},i,j,s=0;
   for(i=1;i<3;i++)
   for(j=0;j<i;j++) s+=a[i][j];
   printf("%d\n",s);
   return 0;
}
```

A．14　　　　B．19　　　　C．20　　　　D．21

19．以下程序的输出结果是（　　）。

```
#include <stdio.h>
int main()
{
   int i,a[10];
   for(i=9;i>=0;i--) a[i]=10-i;
   printf("%d%d%d",a[2],a[5],a[8]);
   return 0;
}
```

A．258　　　　B．741　　　　C．852　　　　D．36

20．以下程序的输出结果是（　　）。

```
#include <stdio.h>
int main()
{
   char st[20]= "hello\0\t\\";
   printf("%d %d \n",strlen(st),sizeof(st));
   return 0;
}
```

A．9 9　　　　B．5 20　　　　C．13 20　　　　D．20 20

21．以下程序的输出结果是（　　）。

```
#include <stdio.h>
int main()
{
   int b[3][3]={0,1,2,0,1,2,0,1,2},i,j,t=1;
   for(i=0;i<3;i++)
   for(j=i;j<=i;j++) t=t+b[i][b[j][j]];
   printf("%d\n",t);
   return 0;
}
```

A．3　　　　B．4　　　　C．1　　　　D．9

22．以下程序的输出结果是（　　）。

```
#include <stdio.h>
int main()
{
   int p[7]={11,13,14,15,16,17,18},i=0,k=0;
   while(i<7&&p[i]%2){k=k+p[i];i++;}
```

```
    printf("%d\n",k);
    return 0;
}
```

A．24　　B．45　　C．56　　D．58

23．以下函数的功能是通过键盘输入数据，为数组中的所有元素赋值。

```
#define N 10
void arrin(int x[N])
{
    int i=0;
    while(i<N)
    scanf("%d", ______);
}
```

在下画线处应填入的是（　　）。

A．x+i　　B．&x[i+1]　　C．x+(i++)　　D．&x[++i]

二、填空题

1．构成数组的各个元素必须具有相同的 ________。若一维数组的长度为 n，则数组下标的最小值为 ________，最大值为 ________。

2．在 C 语言中，二维数组元素在内存中的存放顺序是 ________。

3．字符数组是用来存放 ________ 的数组，字符数组中一个元素存放 ________ 个字符。

4．已知“int a[][3]={1,2,3,4,5,6,7,8,9,10};”，则数组 a 的第 1 维的大小是 ________。

5．在 C 语言中存放字符 'A' 需要占用 ________ 个字节，存放字符串 "A" 需要占用 ________ 个字节。

6．语句“printf("%s\n","c:\\office\\word.exe");”的输出结果是 ________。

7．已知 s1、s2 和 s3 是 3 个有足够元素个数的字符数组，利用库函数并借助于 s3，可以交换 s1 和 s2 中的字符串，实现这一交换过程的语句序列是 ________。

8．已知 s1、s2 和 s3 是 3 个有足够元素个数的字符串变量，其值分别是 aaa、bbbb 和 ccccc，则执行语句“strcat(strcpy(s2,s3),s1);”后，s1、s2 和 s3 的值分别是 ________、________、________。

9．与用变量作为函数实参一样，用数组元素作为函数的实参时，是 ________ 方式。其被调函数对主调函数的影响是通过 ________ 语句来实现的。

10．用数组名作为函数的实参时，不是把数组元素的 ________ 传递给形参，而是把实参数组的 ________ 传递给形参数组，这样两个数组就共占同一段内存单元。

11．执行以下语句序列：

```
chat str1[ ]="ABCD",str2[10]="XYZxyz";
for(int i=0;str2[i]=str1[i];i++);
```

后，数组 str2 中的字符串是 ________。

12．以下程序的功能是 ________。

```
#include <stdio.h>
int main()
{
    char s[80];
```

```
int i,j;
gets(s);
for(i=j=0;s[i]!='\0';i++)
  if (s[i]!='c') s[j++]=s[i]
puts(s);
return 0;
}
```

13．以下程序的输出结果是 ________。

```
#include <stdio.h>
int main()
{
 char b[]="Hello,you";
 b[5]=0;
 printf("%s \n", b);
 return 0;
}
```

14．若变量 n 中的值为 24，则 printf 函数共输出 ________ 行，最后一行有 ________ 个数。

```
void prnt(int n, int aa[])
{
 int i;
 for(i=1;i<=n;i++)
 {
   printf("%6d", aa[i]);
   if (!(i%5)) printf("\n");
 }
 printf("\n");
}
```

15．以下程序的输出结果是 ________。

```
#include <stdio.h>
int main()
{
  int a[4][4]={{1,2,-3,-4},{0,-12,-13,14},{-21,23,0,-24},{-31,32,-33,0}};
  int i,j,s=0;
  for(i=0;i<4;i++)
  {
    for(j=0;j<4;j++)
    {
      if (a[i][j]<0) continue;
      if (a[i][j]==0) break;
      s+=a[i][j];
    }
  }
  printf("%d\n",s);
  return 0;
}
```

16．以下程序的输出结果是 ________，其算法是 ________。

```
#include <stdio.h>
int main()
{
  int a[5]={5,10,-7,3,7},i,t,j;
```

```
    sort(a);
    for(i=0;i<=4;i++)printf("%2d",a[i]);
    return 0;
}
void sort(int a[])
{
    int i,j,t;
    for(i=0;i<4;i++)
    for(j=0;j<4-i;j++)
        if (a[j]>a[j+1]) {t=a[j];a[j]=a[j+1];a[j+1]=t;}
}
```

三、阅读程序题

1．运行以下程序，输入为 Fortran Language，分析结果。

```
#include <stdio.h>
int main()
{
    char str[30];
    scanf ("%s",str);
    printf("%s",str);
    return 0;
}
```

2．运行以下程序，若输入的是 net，则 s1 中的字符串是什么？ s2 中的字符串是什么？

```
char s1[10]="abcdef", s2[20]="inter";
scanf("%s",s1);
int k=0,j=0;
while(s2[k]) k++;
while(s2[j]) s2[--k]=s1[++j];
```

3．阅读程序，分析结果。

```
#include <stdio.h>
int main()
{
    char a[]="morning",t;
    int i,j=0;
    for(i=1;i<7;i++) if (a[j]<a[i])j=i;
    t=a[j];a[j]=a[7];
    a[7]=a[j];puts(a);
    return 0;
}
```

4．阅读程序，分析结果。

```
#include <stdio.h>
#include <string.h>
int main()
{
    char str[100]="How do you do";
    strcpy( str+strlen(str)/2,"es she");
    printf ("%s\n",str);
    return 0;
}
```

5．阅读程序，分析结果。

```
#include <stdio.h>
int main()
{
    int i, n[]={0,0,0,0,0};
    for(i=1;i<=4;i++)
    {
        n[i]=n[i-1]*2+1;
        printf("%d",n[i]);
    }
    return 0;
}
```

6．阅读程序，分析结果。

```
#include <stdio.h>
f(int b[],int m,int n)
{
    int i,s=0;
    for(i=m;i<n;i=i+2) s=s+b[i];
    return s;
}
int main()
{
  int x,a[]={1,2,3,4,5,6,7,8,9};
  x=f(a,3,7);
  printf("%d\n",x);
  return 0;
}
```

7．阅读程序，分析结果。

```
#include <stdio.h>
void reverse(int a[ ],int n)
{
    int i,t;
    for(i=0;i<n/2;i++)
    {
        t=a[i]; a[i]=a[n-1-i];a[n-1-i]=t;
    }
}
int main()
{
    int b[10]={1,2,3,4,5,6,7,8,9,10}; int i,s=0;
    reverse(b,8);
    for(i=6;i<10;i++) s+=b[i];
    printf("%d\n",s);
    return 0;
}
```

8．阅读程序，分析结果。

```
#include <string.h>
void f(char p[][10],int n)
{
    char t[20]; int i,j;
```

```
    for(i=0;i<n-1;i++)
      for(j=i+1;j<n;j++)
        if (strcmp(p[i],p[j])<0)
        {
          strcpy(t,p[i]);strcpy(p[i],p[j]);strcpy(p[j],t);
        }
}
int main()
{
    char p[][10]={ "abc","aabdfg","abbd","dcdbe","cd"};
    int i;
    f(p,5);
    printf("%d\n",strlen(p[0]));
    return 0;
}
```

四、程序填空题

1．以下程序的功能是读入 20 个整数，统计非负数个数，并计算非负数之和。

```
#include "stdio.h"
int main()
{
    int i,a[20],s,count;
    s=count=0;
    for ( i=0; i<20; i++)
      scanf("%d", ___①___);
    for ( i=0; i<20; i++)
    {
      if (a[i]<0)
      ___②___;
      s+=a[i];
      count++;
    }
    printf("s=%d\t count=%d\n",s,count);
    return 0;
}
```

2．以下程序的功能是将一个数组中的值按逆序重新存放，例如，原来顺序是 8，5，3，2，则运行后顺序为 2，3，5，8。

```
…
#define N 10
int i,j,a[N];
…
for ( i=0, j= ______ ; i<j; i++, j--)
{
    k=a[i];
    a[i]=a[j];
    a[j]=k;
}
…
```

3．以下程序的功能是产生如下形式的杨辉三角形。

```
1
1  1
1  2  1
1  3  3  1
1  4  6  4  1
……
```

```
#include <stdio.h>
#define N 11
int main()
{
  int a[N][N],i,j;
  for (i=1;i<N;i++)
  {
    a[i][1]=1;
    a[i][i]=1;
  }
  for(____①____; i<N; i++)
    for (j=2; ____②____ ;j++)
      a[i][j]=____③____ +a[i-1][j];
  …
  return 0;
}
```

4．以下程序的功能是最多从键盘上输入 99 个字符，遇到“\n”则退出，遇到空格则换成字符“#”，其他字符依次原样送入数组 c 中。

```
#include "stdio.h"
int main()
{
  int i;
  char ch,c[100];
  for (i=0; ____①____;i++)
  {
    if ((ch=getchar())=='\n') ____②____;
    if (ch==' ') ____③____;
    c[i]=ch;
  }
  c[i]='\0'; puts(c);
  return 0;
}
```

5．以下 fun 函数的功能是将形参 x 的值转换成二进制数，所得二进制数的每一位数放在一维数组中返回，二进制数的最低位放在下标为 0 的元素中，其他依次类推。

```
fun(int x,int b[])
{
  int k=0,r;
  do
  {
    r=x% ____①____;
    b[k++]=r;
    x/= ____②____;
  } while(x);
}
```

6．以下程序的功能是对从键盘上输入的两个字符串进行比较，然后输出两个字符串中第 1 个不相同字符的 ASCII 码值之差。例如，输入的两个字符串分别为 abcdef 和 abceef，则输出为 -1。

```
#include <stdio.h>
#include <string.h>
int main()
{
  char str1[100],str2[100],c;
  int i,s;
  printf("\n input string 1:\n"); gets(str1);
  printf("\n input string 2:\n"); gets(str2);
  i=0;
  while((str1[i]==str2[i])&&(str1[i]!= ___①___ )) i++;
  s= ___②___ ;
  printf("%d\n",s);
  return 0;
}
```

7．以下程序的功能是从键盘上输入若干个学生的成绩，统计计算出平均成绩，并输出低于平均成绩的学生成绩，输入负数的结束输入。

```
#include <stdio.h>
int main()
{
  float x[1000],sum=0.0,ave,a;
  int n=0,i;
  printf("Enter mark：\n"); scanf("%f",&a);
  while(a>=0.0&&n<1000)
  {
    sum+ ___①___ ;
    x[n]= ___②___ ;
    n++;scanf("%f",&a);
  }
  ave= ___③___ ;
  printf("Output：\n");
  printf("ave=%f\n",ave);
  for (i=0;i<n;i++)
   if ( ___④___ ) printf ("%f\n",x[i]);
  return 0;
}
```

8．以下程序的功能是将字符数组 a 中下标值为偶数的元素从小到大排列，其他元素不变。

```
#include <stdio.h>
#include <string.h>
int main()
{
  char a[]="clanguage",t;
  int i,j,k;
  k=strlen(a);
  for(i=0; i<=k-2; i+=2)
   for(j=i+2; j<=k; ___①___ )
    if ( ___②___ )
    {
      t=a[i]; a[i]=a[j]; a[j]=t;
```

```
    }
    puts(a);
    printf("\n");
    return 0;
}
```

9．函数 binary 的功能是应用二分查找法从存有 10 个整数的 a 数组中对关键字 m 进行查找，若找到，返回其下标值；否则返回 -1。数组 a 中的 10 个整数按升序排序。

```
int binary(int a[10],int m)
{
  int low=0,high=9,mid;
  while(low<=high)
  {
    mid=(low+high)/2;
    if (m<a[mid])  ____①____;
    else if (m>a[mid])  ____②____;
    else return mid;
  }
  return -1;
}
```

五、编写程序题

1．有一个已经排好序的数组，现输入一个数，要求按原来排序的规律将它插入数组中。

2．输入 20 个正整数，然后重新安排这个序列的顺序，使最小数位于序列的首部，最大数位于序列的尾部。输出处理前后的这两个整数序列。

3．输入一个 5 行 5 列的矩阵，计算该矩阵最外圈元素之和。

4．输入二维数组 a[3][5]，输出其中最小值和最大值及其对应的行列位置。

5．输入一个字符串，统计指定字符的个数。例如，若输入字符串“abcddcba”，指定字符为 c，则统计个数为 2。

6．设计一个函数，将一个字符串中的所有小写字母转换成相应的大写字母。

7．10 个小孩围成一圈分糖，老师分给第 1 个小孩 10 块，第 2 个小孩 2 块，第 3 个小孩 8 块，第 4 个小孩 22 块，第 5 个小孩 16 块，第 6 个小孩 4 块，第 7 个小孩 10 块，第 8 个小孩 6 块，第 9 个小孩 14 块，第 10 个小孩 20 块；然后所有的小孩同时将自己手中的糖分一半给右边的小孩；糖块数为奇数的人可向老师再要一块。问经过这样几次调整后大家手中的糖的块数是否都一样？每人各有多少块糖？

8．将一个数的数码倒过来所得到的新数叫作原数的反序数。若一个数等于它的反序数，则称它为对称数。求不超过 1993 的最大的二进制对称数。

9．已知两个三位平方数 abc 和 xyz，其中数码 a、b、c、x、y、z 未必是不同的，而 ax、by、cz 是 3 个两位平方数。求三位数 abc 和 xyz。

10．编写一个函数实现将字符串 str1 和字符串 str2 合并，合并后的字符串按其 ASCII 码值从小到大进行排序，相同的字符在新字符串中只出现一次。

11．从键盘输入 10 个整数，用插入法对输入的数据按照从小到大的顺序进行排序，将排序后的结果输出。

12．从键盘输入 16 个整数，用合并排序法对输入的数据按照从小到大的顺序进行排序，将排序后的结果输出。

13．将 1，2，3，4，5，6，7，8，9 这 9 个数字分成 3 组，每个数字只能用一次，即每组 3 个数不许有重复数字，也不许同其他组的 3 个数字重复，要求将每组中的 3 位数组成一个完全平方数。

14．输入 5×5 的数组，编写程序实现：

（1）求出对角线上各元素的和。

（2）求出对角线上行、列下标均为偶数的各元素的积。

（3）求出对角线上其值最大的元素和它在数组中的位置。

15．对数组 A 中的 N（0 < N < 100）个整数从小到大进行连续编号，输出各个元素的编号。要求不能改变数组 A 中元素的顺序，且相同的整数要具有相同的编号。例如，若数组是 A=(5,3,4,7,3,5,6)，则输出为 (3,1,2,5,1,3,4)。

16．现将不超过 2000 的所有素数从小到大排成第 1 行，第 2 行上的每个数都等于它“右肩”上的素数与“左肩”上的素数之差。求出第 2 行数中是否存在若干个连续的整数，它们的和恰好是 1898，假如存在，又有几种这样的情况？

第 1 行：2 3 5 7 11 13 17 … 1979 1987 1993

第 2 行：1 2 2 4 2 4 … 8 6

17．为了实现高精度的加法，可将正整数M存放在有 N（N>1）个元素的一维数组中，数组的每个元素存放一位十进制数，即个位存放在第 1 个元素中，十位存放在第 2 个元素中……依次类推。这样通过对数组中每个元素的按位加法就可实现对超长正整数的加法。使用数组完成两个超长（长度小于 100）正整数的加法。

参考答案

一、选择题

1．B	2．C	3．D	4．B	5．D	6．D	7．A
8．C	9．D	10．A	11．B	12．C	13．B	14．C
15．B	16．A	17．D	18．A	19．C	20．B	21．B
22．A	23．C					

二、填空题

1．数据类型　0　n-1

2．按行存放

3．字符　1

4．4

5．1　2

6．c:\office\word.exe

7．strcpy(s3,s1); strcpy(s1,s2); strcpy(s2,s3);

8．aaa　cccccaaa　ccccc

9．传值　return

10．值　首地址

11．ABCD

12．将字符串 s 中所有的字符 c 删除

13．Hello

14．5　4

15．58

16．-7 3 5 7 10　冒泡排序

三、阅读程序题

1．Fortran

2．net　fe

3．mo

4．How does she

5．13715

6．10

7．22

8．5

四、程序填空题

1．① &a[i]　② continue

2．N-1

3．① i=3　② j<i　③ a[i-1][j-1]

4．① i<99　② break　③ ch='#'

5．① 2　② 2

6．① '\0' 或 0　② strl[i]-str2[i]

7．① =a　② a　③ sum/n　④ x[i]<ave

8．① j+=2　② a[i]>a[j]

9．① high=mid　② low=mid

五、编写程序题

1．参考程序：

```
#include <stdio.h>
int main()
{
  int a[11]={3,4,7,9,10,13,14,15,18,20};
  int i,j,n;
  scanf ("%d",&n);
  i=0;
  while (i<10)
  {
     if (n<a[i])
     {
        for (j=10; j>i; j--)
        a[j]=a[j-1];
        a[i]=n;break;
```

```
        }
        else i++;
    }
    if (i>=10)
        a[10]=n;
    for (i=0;i<11;i++)
        printf("%4d",a[i]);
    return 0;
}
```

2．参考程序：

```
#include <stdio.h>
int main()
{
    int a[20],i,max,min,p,q,t;
    for (i=0; i<20; i++)
        scanf ("%d",&a[i]);
    max=min=a[0];
    for (i=0; i<20; i++)
    {
        if (a[i]>max) {max=a[i]; p=i;}
        if (a[i]<min) {min=a[i]; q=i;}
    }
    for (i=0; i<20; i++)
        printf("%d",a[i]);
    t=a[0];a[0]=a[q]; a[q]=t;
    t=a[19];a[19]=a[p];a[p]=t;
    for (i=0; i<20; i++)
        printf("%d",a[i]);
    return 0;
}
```

3．参考程序：

```
#include <stdio.h>
int main()
{
    int a[5][5],i,j,sum=0;
    for (i=0;i<5;i++)
        for (j=0; j<5; j++)
            scanf("%d",&a[i][j]);
    i=0;
    for (j=0;j<5;j++)
        sum+=a[i][j];
    j=0;
    for (i=0;i<5;i++)
        sum+=a[i][j];
    i=4;
    for(j=0;j<5;j++)
        sum+=a[i][j];
    j=4;
    for (i=0; i<5; i++)
        sum+=a[i][j];
    sum=sum-a[0][0]-a[0][4]-a[4][0]-a[4][4];
```

```
    printf("%d",sum);
    return 0;
}
```

4．参考程序：

```
#include <stdio.h>
int main()
{
    int a[3][5],i,j,max,min,p1,q1,p2,q2;
    for (i=0; i<3; i++)
        for (j=0; j<5; j++ )
            scanf("%d",&a[i][j]);
    max=min=a[0][0];
    for (i=0; i<3; i++)
        for (j=0; j<5; j++)
        {
            if (a[i][j]>max) {max=a[i][j]; p1=i;q1=j;}
            if (a[i][j]<min) {min=a[i][j]; p2=i; q2=j;}
        }
    printf("max=a[%d][%d]=%d,min=a[%d][%d]=%d\n",p1,q1,max,p2,q2,min);
    return 0;
}
```

5．参考程序：

```
#include <stdio.h>
int main()
{
    char s[30],ch, int i,count=0;
    printf("input a string:");
    gets(s);
    scanf("%c",ch);
    for (i=0; s[i];i++)
        if (s[i]==ch) count++;
    printf("%d\n",count);
    return 0;
}
```

6．参考程序：

```
#include <stdio.h>
int main()
{
    char str[30]; int i;
    gets(str);
    for (i=0; str[i];i++)
        if (str[i]>='a'&&str[i]<='z') str[i]=str[i]-32;
    str[i]='\0';
    puts(str);
    return 0;
}
```

7．参考程序：

```
#include <stdio.h>
int main()
{
```

```
    int i,count=0,a[11]={0,10,2,8,22,16,4,10,6,14,20};
    while(1)
    {
      for(i=1;i<=10;i++)
          a[i-1]=a[i-1]/2+a[i]/2;
      a[10]=a[10]/2+a[0];
      for(i=1;i<=10;i++)
          if (a[i]%2==1) a[i]++;
      for(i=1;i<10;i++)
          if (a[i]!=a[i+1]) break;
      if (i==10) break;
      else
      {
          a[0]=0;
          count++;
      }
    }
    printf("count=%d number=%d\n",count,a[1]);
    return 0;
}
```

8．参考程序：

```
#include <stdio.h>
int main()
{
    int i,j,n,k,a[16]={0};
    for(i=1;i<=1993;i++)
    {
      n=i;k=0;
      while(n>0)                    // 将十进制数转变为二进制数
      {
        a[k++]=n%2;
        n=n/2;
      }
      for(j=0;j<k;j++)
        if (a[j]!=a[k-j-1]) break;
      if (j>=k)
      {
        printf(" %d: ",i);
        for(j=0;j<k;j++)
        printf("%2d",a[j]);
        printf("\n");
      }
    }
    return 0;
}
```

9．参考程序：

```
#include <stdio.h>
int main()
{
    void f(int, int *);
    int i,t,a[3],b[3];
```

```
  printf("The possible perfect squares combinations are:\n");
  for(i=11;i<=31;i++)                // 穷举三位平方数的取值范围
    for(t=11;t<=31;t++)
    {
      f(i*i,a);                      // 分解三位平方数的各位，每位数字分别存入数组中
      f(t*t,b);
      if (sqrt(a[0]*10+b[0])==(int)sqrt(a[0]*10+b[0])
      &&sqrt(a[1]*10+b[1])==(int)sqrt(a[1]*10+b[1])
      &&sqrt(a[2]*10+b[2])==(int)sqrt(a[2]*10+b[2]))
      // 若 3 个新的数均是完全平方数则输出
      printf(" %d and %d\n",i*i,t*t);
    }
  return 0;
}
void f(int n, int *s)
// 分解三位数 n 的各位数字，将各个数字从高到低依次存入指针 s 所指向的数组中
{
  int k;
  for(k=1000;k>=10;s++)
  {
    *s = (n%k)/(k/10);
    k /= 10;
  }
}
```

10．参考程序：

```
#include <stdio.h>
#include <string.h>
strcmbn(char a[],char b[],char c[])          // 数组合并函数：将数组 a、b 合并到 C
{
  char tmp;
  int i,j,k,m,n;
  m=strlen(a);
  n=strlen(b);
  for(i=0;i<m-1;i++)                         // 对数组 a 排序
  {
    for(j=i+1,k=i;j<m;j++)
      if (a[j]<a[k]) k=j;
    tmp=a[i]; a[i]=a[k]; a[k]=tmp;
  }
  for(i=0;i<n-1;i++)                         // 对数组 b 排序
  {
    for(j=i+1,k=i;j<n;j++)
      if (b[j]<b[k]) k=j;
    tmp=b[i]; b[i]=b[k]; b[k]=tmp;
  }
  i=0;j=0;k=0;
  while(i<m&&j<n)                            // 合并
    if (a[i]>b[j])
      c[k++]=b[j++];                         // 将 a[i]、b[j] 中的较小者存入 c[k]
    else
    {
      c[k++]=a[i++];
```

```
        if (a[i-1]==b[j]) j++;                      //若 a、b 当前元素相等，则删掉一个
    }
  while(i<m) c[k++]=a[i++];                         //将 a 或 b 中剩余的数存入 c
  while(j<n) c[k++]=b[j++];
  c[k]='\0';
}
```

11．参考程序：

```
#include <stdio.h>
int main()
{
  int i,j,num,a[10];
  for(i=0;i<10;i++)
   {
     printf("Enter No. %d:", i+1);
     scanf("%d",&num);
     for(j=i-1;j>=0&&a[j]>num;j--)
        a[j+1]=a[j];
        a[j+1]=num;
   }
  for(i=0;i<10;i++)
     printf ("No.%d=%d\n", i+1, a[i]);
  return 0;
}
```

12．分析：此题给出的参考程序使用了指针和函数递归的概念，读者可在学习完指针的概念后再研究此题。放于此处主要是便于和其他排序方法进行比较。

合并排序法排序的步骤：第 1 遍将数组中相邻的 2 个数两两排序，第 2 遍四个四个地排序，第 3 遍八个八个地排序……。程序中的合并排序函数（mergesort）采用了递归调用。例如，有一组数是 4，3，1，81，45，8，0，4，-9，26，7，4，2，9，1，-1。

采用合并排序法对其排序的过程如下：

未排序时	4	3	1	81	45	8	0	4	-9	26	7	4	2	9	1	-1
第 1 遍后	3	4	1	81	8	45	0	4	-9	26	4	7	2	9	-1	1
第 2 遍后	1	3	4	81	0	4	8	45	-9	4	7	26	-1	1	2	9
第 3 遍后	0	1	3	4	4	8	45	81	-9	-1	1	2	4	7	9	26
第 4 遍后	-9	-1	0	1	1	2	3	4	4	4	7	8	9	26	45	81

参考程序：

```
#define N 16
#include "stdio.h"
void merge(int a[],int b[],int c[],int m)
//数组合并函数：将长度为 m 的数组 a、b 合并到 c
{
  int i=0,j=0,k=0;
  while(i<m&&j<m)
     if (a[i]>b[j])                       //将 a[i]、*b[j] 中的小者存入 c[k]
        c[k++]=b[j++];
     else c[k++]=a[i++];
  while(i<m) c[k++]=a[i++];               //将 a 或 b 中剩余的数存入 c
  while(j<m) c[k++]=b[j++];
```

```
}
void mergesort(int w[],int n)
// 数组排序函数：对长度为 n 的数组 w 排序
{
  int i,t,ra[N];
  for(i=1;i<n;i*=2);
    if (i==n)
    {
      if (n>2)                          // 递归调用结束条件
      {
        mergesort (w,n/2);              // 将数组 w 一分为二，递归调用 mergesort 函数
        mergesort (w+n/2,n/2);
        merge( w,w+n/2,ra,n/2 );        // 将排序后的两数组重新合并
        for(i=0;i<n;i++)
            w[i]=ra[i];
      }
      else if (*w>*(w+1))
      {
        t=*w; *w=*(w+1); *(w+1)=t;
      }
    }
  else printf("Error:size of array is not a power of 2/n");
}
int main()
{
  int i;
  static int key[N]={4,3,1,81,45,8,0,4,-9,26,7,4,2,9,1,-1};
  mergesort(key,N);
  for(i=0;i<N;i++)
      printf("%d ",key[i]);
  printf("\n");
  return 0;
}
```

13. 分析：本问题的思路很多，这里介绍一种简单快速的算法。首先求出三位数中不包含 0 且是某个整数平方的三位数，这样的三位数是不多的；然后将满足条件的三位数进行组合，使所选出的 3 个三位数的 9 个数字没有重复。程序中可以将寻找满足条件三位数的过程和对该三位数进行数字分解的过程结合起来。

参考程序：

```
#include <stdio.h>
int main()
{
  int a[20],num[20][3],b[10];           //a：存放满足条件的三位数
  //num：满足条件的三位数分解后得到的数字，b：临时工作
  int i,j,k,m,n,t,flag;
  printf("The 3 squares with 3 different digits each are:\n");
  for(j=0,i=11;i<=31;i++)               // 求出是平方数的三位数
      if (i%10 != 0)                    // 若不是 10 的倍数，则分解三位数
      {
        k=i*i;                          // 分解该三位数中的每一个数字
        num[j+1][0]=k/100;              // 百位
```

```
        num[j+1][1]=k/10%10;              // 十位
        num[j+1][2]=k%10;                 // 个位
        if (!(num[j+1][0]==num[j+1][1]||num[j+1][0]==num[j+1][2]
        ||num[j+1][1]==num[j+1][2]) )
                                          // 若分解的三位数字均不相等
        a[++j]=k;                         //j：计数器，统计已找到的满足要求的 3 位数
    }
  for(i=1;i<=j-2;++i)                     // 从满足条件的 3 位数中选出 3 个进行组合
  {
    b[1]=num[i][0];                       // 取第 i 个数的 3 位数字
    b[2]=num[i][1];
    b[3]=num[i][2];
    for(t=i+1;t<=j-1;++t)
    {
      b[4]=num[t][0];                     // 取第 t 个数的 3 位数字
      b[5]=num[t][1];
      b[6]=num[t][2];
      for(flag=0, m=1;!flag&&m<=3;m++)   //flag：出现数字重复的标记
        for(n=4;!flag&&n<=6;n++)          // 判断前两个数的数字是否有重复
          if (b[m]==b[n]) flag=1;         //flag=1：数字有重复
      if (!flag)
        for(k=t+1;k<=j;++k)
        {
          b[7]=num[k][0];                 // 取第 k 个数的 3 位数字
          b[8]=num[k][1];
          b[9]=num[k][2];
                                          // 判断前两个数的数字是否与第 3 个数的数字重复
          for(flag=0,m=1;!flag&&m<=6;m++)
          for(n=7;!flag&&n<=9;n++)
            if (b[m]==b[n]) flag=1;
          if (!flag)                      // 若均不重复，则输出结果
            printf("%d, %d, %d\n",a[i],a[t],a[k]);
        }
    }
  }
  return 0;
}
```

14．参考程序：

```
#include <stdio.h>
int main()
{
  int i,j,s1=0,s2=1,a[5][5];
  for(i=0;i<5;i++)
    for(j=0;j<5;j++)
    {
      printf("%d %d: ",i,j);
      scanf("%d",&a[i][j]);
    }
  for(i=0;i<5;i++)
  {
    for(j=0;j<5;j++)
     printf("%5d",a[i][j]);
```

```
        printf("\n");
    }
    j=0;
    for(i=0;i<5;i++)
    {
        s1=s1+a[i][i];
        if (i%2==0) s2=s2*a[i][i];
        if (a[i][i]>a[j][j]) j=i;
    }
    printf("SUN=%d\nACCOM=%d\na[%d]=%d\n",s1,s2,j,a[j][j]);
    return 0;
}
```

15．参考程序：

```
#include <stdio.h>
int main()
{
    int i,j,k,n,m=1,r=1,a[2][100]={0};
    printf("Please enter n:");
    scanf("%d",&n);
    for(i=0;i<n;i++)
    {
        printf("a[%d]= ",i);
        scanf("%d",&a[0][i]);
    }
    while(m<=n)                          //m 记录已经登记过的数的个数
    {
        for(i=0;i<n;i++)                 // 记录未登记过的数的大小
        {
            if (a[1][i]!=0)              // 已登记过的数跳过去
            continue;
            k=i;
            for(j=i;j<n;j++)             // 在未登记过的数中找最小数
                if (a[1][j]==0&&a[0][j]<a[0][k]) k=j;
                a[1][k]=r++;             // 记录名次，r 为名次
                m++;                     // 登记过的数增 1
            for(j=0;j<n;j++)             // 记录同名次
                if (a[1][j]==0&&a[0][j]==a[0][k])
                {
                    a[1][j]=a[1][k];
                    m++;
                }
            break;
        }
    }
    for(i=0;i<n;i++)
        printf("a[%d]=%d, %d\n",i,a[0][i],a[1][i]);
    return 0;
}
```

16．参考程序：

```
#include <stdio.h>
int main()
{
```

```
    int i,j,k=0,m=2,s,r=0,a[500];
    printf("%4d ",m);
    for(i=3;i<=2000;i++)
    {
      for(j=2;j<=i-1;j++)
        if (i%j==0) break;
      if (j==i)
      {
        printf("%4d ",i);
        a[k++]=i-m;
        m=i;
      }
    }
    for(i=0;i<k;i++)
    {
      s=0;
      for(j=i;j<k;j++)
      {
        s=s+a[j];
        if (s>=1898) break;
      }
      if (s==1898)
      r++;
    }
    printf("\nresult=%d\n",r);
    return 0;
}
```

17．参考程序：

```
#include "stdio.h"
int a[20],b[20];
int main()
{
    int t=0,*m,*n,*k,*j,z,i=0;
    printf("Input number 1:");
    do
    {
      a[++t]=getchar()-'0';
    }while(a[t]!=-38);
    printf("Input number 2:");
    do
    {
      b[++i]=getchar()-'0';
    }while(b[i]!=-38);
    if (t>i)
    {
      m=a+t;n=b+i;j=a;k=b;z=i;
    }
    else
    {
      m=b+i;n=a+t;j=b;k=a;z=t;
    }
    while(m!=j)
```

```
    {
        (*(--n-1))+=(*(--m)+*n)/10;
        *m=(*m+*n)%10;
        if (n==k+1&&*k!=1 ) break;
        if (n==k+1&&*k)
        {
            n+=19;*(n-1)=1;
        }
        if (n>k+z&&*(n-1)!=1) break;
    }
    while (*(j++)!=-38) printf("%d",*(j-1));
    printf("\n");
    return 0;
}
```

3.8 指　　针

一、选择题

1．已知“double d;”，希望指针变量 pd 指向 d，下面对指针变量 pd 的正确定义是（　　）。

A．double pd;　　B．double &pd　　C．double *pd　　D．double *(pd)

2．若 x 为整型变量，p 是指向整型数据的指针变量，则正确的赋值表达式是（　　）。

A．p=&x　　B．p=x　　C．*p=&x　　D．*p=*x

3．已知“int i=0,j=1,*p=&i,*q=&j;”，则错误的语句是（　　）。

A．i=*&j;　　B．p=&*&i;　　C．j=*p;　　D．i=*&q;

4．函数的功能是交换变量 x 和 y 中的值，且通过正确调用返回交换的结果。能正确执行此功能的函数是（　　）。

A．funa(int *x,int *y)
{ int *p; *p=x; *x=*y; *y=*p;}

B．funb(int x,int y)
{ int t; t=x; x=y; y=t;}

C．func(int *x,int *y)
{ *x=*y; *y=*x;}

D．fund(int *x,int *y)
{ int t; t=*x; *x=*y; *y=t;}

5．已知“int a[10]={1,2,3,4,5,6,7,8,9,10},*p=a;”，则不能表示数组 a 中元素的表达式是（　　）。

A．*p　　B．a[10]　　C．*a　　D．a[p-a]

6．已知“int a[]={1,2,3,4},y,*p=&a[0];”，则执行语句“y=++(*p);”之后，（　　）元素的值发生了变化。

A．a[0]　　B．a[1]　　C．a[2]　　D．都没有发生变化

7．已知“int a[]={1,2,3,4},y,*p=&a[1];”，则执行语句“y=*p++;”之后，变量 y 的值为（　　）。

A．3　　B．2　　C．1　　D．4

8．已知“int a[]={1,2,3,4,5,6},*p=a;”，则值为 3 的表达式是（　　）。

A．p+=2,*(p++)

B．p+=2,*++p

C．p+=3,*p++

D．p+=2,++*p

9．已知“int a[3][4],*p=a;”，则 p 表示（　　）。

A．数组 a 的 0 行 0 列元素　　B．数组 a 的 0 行 0 列地址

C．数组 a 的 0 行首地址　　D．数组 a 的 0 行元素

10．已知“int a[3][4],*p;”，若要指针变量 p 指向 a[0][0]，正确的表示方法是（　　）。

A．p=a　　B．p=*a　　C．p=**a　　D．p=a[0][0]

11．已知“double b[2][3],*p=b;”，下面不能表示数组 b 的 0 行 0 列元素的是（　　）。

A．b[0][0]　　B．**p　　C．*p[0]　　D．*p

12．设有定义“int (*ptr)[M];”，其中的标识符 ptr 是（　　）。

A．M 个指向整型变量的指针

B．指向 M 个整型变量的函数指针

C．一个指向 M 个整型元素的一维数组的指针

D．具有 M 个指针元素的一维指针数组，每个元素都只能指向整型变量

13．有以下程序段：

```
int main()
{
  int a=5,*b,**c;
  c=&b; b=&a;
  …
  return 0;
}
```

程序在执行了“c=&b;b=&a;”语句后，表达式 **c 的值是（　　）。

A．变量 a 的地址　　B．变量 b 中的值

C．变量 a 中的值　　D．变量 b 的地址

14．已知“int i,x[3][4];”，则不能把 x[1][1] 的值赋给变量 i 的语句是（　　）。

A．i=*(*(x+1)+1)　　B．i=x[1][1]

C．i=*(*(x+1))　　D．i=*(x[1]+1)

15．已知“static int a[2][3]={2,4,6,8,10,12};”，则正确表示数组元素地址的是（　　）。

A．*(a+1)　　B．*(a[1]+2)

C．a[1]+3　　D．a[0][0]

16．已知“char str[]="OK!";”，则对指针变量 ps 的说明和初始化语句是（　　）。

A．char ps=str;　　B．char *ps=str;

C．char ps=&str;　　D．char *ps=&str;

17．下面不正确的字符串赋值或赋初值的语句是（　　）。

A．char *str; str="string";

B．char str[7]={'s','t','r','i','n','g'};

C．char str[10]; str="string";

D．char str1[]="string",str2[20]; strcpy(str2,str1);

18．已知“char b[5],*p=b;”，则正确的赋值语句是（　　）。

A．b="abcd";　　B．*b="abcd";

C．p="abcd";　　D．*p="abcd"

19．已知“char s[20]="programming",*ps=s;”，则不能引用字母 o 的表达式是（　　）。

A．ps+2　　B．s[2]　　C．ps[2]　　D．ps+=2,*ps

20．已知“char s[100]; int i=10;”，则在下列引用数组元素的语句中错误的是（　　）。

A．s[i+10]　　B．*(s+i)　　C．*(i+s)　　D．*((s++)+i

21．已知“double *p[6];”，它的含义是（　　）。

A．p 是指向 duoble 型变量的指针　　B．p 是 double 型数组

C．p 是指针数组　　D．p 是数组指针

22．已知“char *aa[2]={"abcd","ABCD"};”，则以下说法正确的是（　　）。

A．aa 数组元素的值分别是“abcd”和“ABCD”

B．aa 是指针变量，它指向含有两个数组元素的字符型一维数组

C．aa 数组的两个元素分别存放的是含有 4 个字符的一维字符数组的首地址

D．aa 数组的两个元素中各自存放了字符“a”和“A”的地址

23．若有以下调用语句，则不正确的 fun 函数的首部是（　　）。

```
int main()
{ …
  int a[50],n;
   …
  fun(n,&a[9]);
   …
  return 0;
}
```

A．void fun(int m,int x[])　　B．void fun(int s,int h[41])

C．void fun(int p,int *s)　　D．void fun(int n,int a)

24．设已有定义“char *st="how are you";”，则下列程序正确的是（　　）。

A．char a[11], *p; strcpy(p=a+1,&st[4]);　　B．char a[11]; strcpy(++a, st);

C．char a[11]; strcpy(a, st);　　D．char a[], *p; strcpy(p=&a[1],st+2);

25．以下叙述正确的是（　　）。

A．C 语言允许 main 函数带形参，且形参个数和形参名均可由用户指定

B．C 语言允许 main 函数带形参，形参名只能是 argc 和 argv

C．当 main 函数带有形参时，传给形参的值只能从命令行中得到

D．若有说明“main(int argc,char *argv);”，则形参 argc 的值必须大于 1

26．以下程序的输出结果是（　　）。

```
#include <stdio.h>
int main()
{
  char ch[2][5]={"6937","8254"},*p[2];
  int i,j,s=0;
  for(i=0;i<2;i++) p[i]=ch[i];
  for(i=0;i<2;i++)
    for(j=0;p[i][j]>'\0';j+=2)
      s=10*s+p[i][j]-'0';
  printf("%d\n",s);
  return 0;
}
```

A．69825　　B．63825　　C．6385　　D．693825

27．以下程序的输出结果是（　　）。

```
#include <stdio.h>
char cchar(char ch)
{
  if (ch>='A'&&ch<='Z') ch=ch-'A'+'a';
  return ch;
}
int main()
{
  char s[]="ABC+abc=defDEF",*p=s;
  while(*p)
  {
    *p=cchar(*p);
    p++;
  }
  printf("%s\n",s);
  return 0;
}
```

A．abc+ABC=DEFdef　　B．abc+abc=defdef

C．abcaABCDEFdef　　D．abcabcdefdef

28．以下程序的输出结果是（　　）。

```
#include <stdio.h>
#include <string.h>
int main()
{
  char b1[8]="abcdefg",b2[8],*pb=b1+3;
  while(--pb>=b1) strcpy(b2,pb);
  printf("%d\n",strlen(b2));
  return 0;
}
```

A．8　　B．3　　C．1　　D．7

29．以下程序的功能是调用 findmax 函数返回数组中的最大值。在下画线处应填入的是（　　）。

```
#include <stdio.h>
findmax(int *a,int n)
{
  int *p,*s;
  for(p=a,s=a;p-a<n;p++)
    if (______) s=p;
  return *s;
}
int main()
{
  int x[5]={12,21,13,6,18};
  printf("%d\n",findmax(x,5));
  return 0;
}
```

A．p>s　　B．*p>*s　　C．a[p]>a[s]　　D．p-a>p-s

30．以下程序的输出结果是（　　）。

```
#include <stdio.h>
int *f(int *x,int *y)
{
  if (*x<*y)
    return x;
  else
    return y;
}
int main()
{
  int a=17,b=18,*p,*q,*r;
  p=&a;
  q=&b;
  r=f(p,q);
  printf("%d,%d,%d\n",*p,*q,*r);
  return 0;
}
```

A．17,18,18　　B．17,18,17　　C．18,17,17　　D．18,17,18

31．以下函数的功能是（　　）。

```
fun(char *s1,char *s2)
{
  int i=0;
  while(s1[i]==s2[i]&& s2[i]!='\0')i++;
  return s1[i]=='\0'&&s2[i]=='\0';
}
```

A．将 s2 所指字符串赋给 s1

B．比较 s1 和 s2 所指字符串的大小，若 s1 比 s2 的大，函数值为 1，否则函数值为 0

C．比较 s1 和 s2 所指字符串是否相等，若相等，函数值为 1，否则函数值为 0

D．比较 s1 和 s2 所指字符串的长度，若 s1 比 s2 的长，函数值为 1，否则函数值为 0

二、填空题

1．已知“int *p,a;”，则语句“p=&a;”中的运算符“&”的含义是________。

2．设有定义“float f1=15.2,f2,*pf1=&f1;”，如果希望变量 f2 的值为 15.2，可使用赋值语句________或________。

3．在 C 语言中，指针变量的值增 1，表示指针变量指向下一个________，指针变量中具体增加的字节数由系统自动根据指针变量的________决定。

4．已知“int a[5],*p=a;”，则 p 指向数组元素________，那么 p+1 指向________。

5．设“int a[10],*p=a;”，则对 a[3] 的引用可以是________、________或________。

6．在 C 语言程序中，可以通过 3 种运算来移动指针：________、________、________。

7．设有如下定义：

```
int a[5]={10,11,12,13,14},*p1=&a[1],*p2=&a[4];
```

则 p2-p1 的值为________，*p2-*p1 的值为________。

8．已知“int a[2][3]={1,2,3,4,5,6},*p=&a[0][0];”，则表示元素 a[0][0] 的方法有指针法：

________，数组名法：________，*(p+1) 的值为 ________ 。

9．已知：

```
char *s1="abc\\\"de",*s2="abc\101+101\'de",*s3="abc\089+980\\";
```

则语句“printf("%s\t%s\t%s\n",s1,s2,s3);”的运行结果是 ________。

10．若有：

```
char *s1="China\\\bBeijing\t",*s2="123\078\0x5",*s3="123\087\0xa";
```

则语句“printf("%d,%d,%d\n",strlen(s1),strlen(s2),strlen(s3));”的运行结果是 ________。

11．设有“int *a[4];”，则数组 a 有 ________ 个元素，每个元素都是 ________ 类型，只能指向 ________ 变量。

12．以下程序的功能是将无符号八进制数字构成的字符串转换为十进制整数。例如，输入的字符串为 556，则输出十进制整数 366。在下画线处应填入的是 ________。

```
#include <stdio.h>
int main()
{
  char *p, s[6];
  int n;
  p=s;
  gets(p);
  n=*p-'0';
  while(________!='\0') n=n*8+*p-'0';
  printf("%d \n",n);
  return 0;
}
```

13．以下程序的输出结果是 ________。

```
#include <stdio.h>
void fun(int *n)
{
  while((*n)--);
    printf("%d",++(*n));
}
int main()
{
  int a=100;
  fun(&a);
  return 0;
}
```

14．以下程序的输出结果是 ________。

```
#include <stdio.h>
int main()
{
  int arr[]={30,25,20,15,10,5},*p=arr;
  p++;
  printf("%d\n",*(p+3));
  return 0;
}
```

15．以下程序的输出结果是 ________。

```
#include <stdio.h>
int main()
{
  int x=0;
  sub(&x,8,1);
  printf("%d\n",x);
  return 0;
}
sub(int *a,int n,int k)
{
  if (k<=n) sub(a,n/2,2*k);
     *a+=k;
}
```

16．设有以下程序：

```
#include <stdio.h>
int main()
{
  int a, b, k=4, m=6, *p1=&k, *p2=&m;
  a=p1==&m;
  b=(*p1)/(*p2)+7;
  printf("a=%d\n",a);
  printf("b=%d\n",b);
  return 0;
}
```

运行该程序后，a 的值为 ________，b 的值为 ________。

17．以下程序的输出结果是 ________。

```
#include <stdio.h>
int main()
{
  char *p="abcdefgh",*r;
  long *q;
  q=(long*)p;
  q++;
  r=(char*)q;
  printf("%s\n",r);
  return 0;
}
```

三、阅读程序题

1．阅读程序，分析结果。

```
#include <stdio.h>
void prtv(int *x)
{
  printf("%d\n",++*x);
}
int main()
{
  int a=25;
  prtv(&a);
  return 0;
}
```

2．执行以下程序，输入：0 1 2 3 4 5 6 7 8 9，分析结果。

```
#include <stdio.h>
int main()
{
   int a[10],i,*p;
   p=a;
   for (i=0; i<10; i++)
     scanf("%d",&a[i]);
   for (;p<a+10;p++)
     printf("%d",*p);
   return 0;
}
```

3．阅读程序，分析结果。

```
#include <stdio.h>
int main()
{
   int a[]={1,2,3,4,5};
   int x,y,*p;
   p=&a[0];
   x=*(p+2);
   y=*(p+4);
   printf("*p=%d,x=%d,y=%d\n",*p,x,y);
   return 0;
}
```

4．阅读程序，分析结果。

```
#include <stdio.h>
int main()
{
   int a[]={1,2,3,4,5,6};
   int *p;
   p=a;
   printf("%d,",*p);
   printf("%d,",*(++p));
   printf("%d,",*++p);
   printf("%d,",*(p--));
   p+=3;
   printf("%d,%d\n",*p,*(a+3));
   return 0;
}
```

5．阅读程序，分析结果。

```
#include <stdio.h>
int main()
{
   int a[2][3]={{1,2,3},{4,5,6}};
   int m,*ptr;
   ptr=&a[0][0];
   m=(*ptr)*(*(ptr+2))*(*(ptr+4));
   printf("%d\n",m);
   return 0;
}
```

6．阅读程序，分析结果。

```
#include <stdio.h>
int main()
{
    int a[3][4]={1,3,5,7,9,11,13,15,17,19,21,13};
    int (*ptr)[4]; int sum=0,i,j;
    ptr=a;
    for (i=0;i<3;i++)
        for (j=0;j<2;j++)
            sum+=*(*(ptr+i)+j);
    printf("%d\n",sum);
    return 0;
}
```

7．阅读程序，分析结果。

```
#include <stdio.h>
int main()
{
    char a[]="language";
    char *ptr=a;
    while(*ptr!='\0')
    {
        printf("%c",*ptr+('A'-'a'));
        ptr++;
    }
    return 0;
}
```

8．阅读程序，分析结果。

```
#include <stdio.h>
int main()
{
    char a[6]="abcde",*str=a;
    printf("%c,",*str);
    printf("%c,",*str++);
    printf("%c,",*++str);
    printf("%c,",(*str)++);
    printf("%c\n",++*str);
    return 0;
}
```

9．阅读程序，分析结果。

```
#include <stdio.h>
#include <string.h>
int main()
{
    char *p1="abc",*p2="ABC",str[50]="xyz";
    strcpy(str+2,strcat(p1,p2));
    printf("%s\n",str);
    return 0;
}
```

10．阅读程序，分析结果。

```
#include <stdio.h>
int main()
{
  int a[5]={2,4,6,8,10},*p,**k;
  p=a;
  k=&p;
  printf("%d",*p++);
  printf("%d\n",**k);
  return 0;
}
```

四、程序填空题

1．以下的程序的功能是从 10 个数中找出最大值和最小值。

```
#include <stdio.h>
int max,min;
find_max_min(int *p,int n)
{
  int *q;
  max=min=*p;
  for(q= ___①___; ___②___;q++)
    if (___③___)max=*q;
    else if (___④___)min=*q;
}
int main()
{
  int i,num[10];
  printf("input 10 numbers:\n");
  for(i=0;i<10;i++)
    scanf("%d",&num[i]);
  find_max_min(num,10);
  printf("max=%d,min=%d\n",max,min);
  return 0;
}
```

2．以下程序的功能是通过指向整型的指针将数组 a[3][4] 的内容按 3 行 4 列的格式输出，给 printf 函数填入适当的参数，使之通过指针 p 将数组元素按要求输出。

```
#include <stdio.h>
int a[3][4]={{1,2,3,4},{5,6,7,8},{9,10,11,12}},(*p)[4]=a;
int main()
{
  int i,j;
   for(i=0;i<3;i++ )
     for(j=0;j<4;j++ )
       printf("%4d", _____);
  return 0;
}
```

3．以下程序的功能是对一批英文单词从小到大进行排序并输出。

```
#include <string.h>
#include <stdio.h>
sort(char *book[], int num)
```

```
{
    int i,j;
    char *temp;
    for(j=1;j<=num-1;j++ )
     for(i=0; ___①___;i++)
      if (strcmp(book[i],book[i+1])>0)
      {
        temp=book[i];
        book[i]=book[i+1];
        book[i+1]=temp;
      }
}
int main()
{
    int i;
    char *book[]={"banana","orange","apple","peanut","watermelon","pear"};
    sort( ___②___ );
    for( i=0; i<6; i++ )
      printf("%s\n",book[i]);
    return 0;
}
```

4．已知某数列前两项为 2 和 3，其后继项根据前面最后两项的乘积按下列规则生成：

（1）若乘积为一位数，则该乘积即数列的后继项。

（2）若乘积为两位数，则该乘积的十位上的数字和个位上的数字依次作为数列的两个后继项。

以下的程序功能是输出该数列的前 N 项及它们的和，其中，函数 sum(int n, int *pa) 返回数列的前 N 项和，并将生成的前 N 项存入首指针为 pa 的数组中，程序中规定输入的 N 值必须人于 2，且不超过给定的常数值 MAXNUM。例如，若输入 N 的值为 10，则程序输出如下内容：

```
sum(10)=44
2 3 6 1 8 8 6 4 2 4
```

程序如下：

```
#include "stdio.h"
#define MAXNUM 100
int sum(int n, int *pa)
{
    int count,total,temp;
    *pa = 2;
    ___①___ =3;
    total=5;
    count=2;
    while(count++<n)
    {
      temp=*(pa-1)**pa;
      if (temp<10)
      {
        total+=temp;
        *(++pa)=temp;
      }
      else
      {
```

```
            ②    =temp/10;
            total+=*pa;
            if (count<n)
            {
              count++;pa++;
               ③     = temp%10;
              total+= *pa;
            }
          }
        }
         ④    ;
      }
      int main()
      {
        int n,*p,*q,num[MAXNUM];
        do
        {
          printf("Input N=?(2<N<%d):",MAXNUM+1);
          scanf("%d",&n);
        }while(   ⑤   );
        printf("\nsum(%d)=%d\n", n, sum(n, num));
        for(p=num,q =   ⑥   ;p<q;p++ )
          printf("%4d", *p);
        printf("\n");
        return 0;
      }
```

五、编写程序题

1．找出数组 x 中的最大值和该值所在的元素下标，该数组元素从键盘输入。

2．将方阵 a 中所有边上的元素和两个对角线上的元素置 1，其他元素置 0。要求对每个元素只置一次值，最后按矩阵形式输出 a。

3．设有 5 个学生，每个学生考 4 门课，查找这些学生有无考试不及格的课程。若某一学生有一门或一门以上课程不及格，就输出该学生的序号（序号从 0 开始）和其全部课程成绩。

4．读入一个以符号“.”结束的长度小于 20 字节的英文句子，检查其是否为回文。回文是指正读和反读都是一样的字符串，不考虑空格和标点符号。例如，读入句子“MADAM I'M ADAM.”，它是回文，所以输出 YES。读入句子“ABCDBA).”，它不是回文，所以输出 NO。

5．编写函数，其功能是对一个长度为 N 的字符串从其第 K 个字符起，删去 M 个字符，组成长度为 N-M 的新字符串（其中 N、M ≤ 80，K ≤ N）。

6．编写一个函数 insert(s1,s2,ch)，实现在字符串 s1 中的指定字符 ch 位置处插入字符串 s2。

7．编写函数将输入的两行字符串连接后，将字符串中全部空格移到字符串首后输出。

参考答案

一、选择题

1．C	2．A	3．D	4．D	5．B	6．A	7．B
8．A	9．C	10．B	11．D	12．C	13．C	14．C
15．A	16．B	17．C	18．C	19．A	20．D	21．C

22．D　23．D　24．A　25．C　26．C　27．B　28．D
29．B　30．B　31．C

二、填空题

1．取变量的地址
2．f2=f1;　f2=*pf1;
3．存储单元　基类型
4．a[0]　a[1]
5．*(a+3)　*(p+3)　p[3]
6．指针赋值　加一个整型数　减一个整型数
7．3　3
8．*p　**a　2
9．abc\"de　abcA+101'de　abc
10．15,5,3
11．4　指针　int 型
12．*(++p)
13．0
14．10
15．7
16．0　7
17．efgh

三、阅读程序题

1．26
2．0123456789
3．*p=1,x=3,y=5
4．1,2,3,3,5,4
5．15
6．60
7．LANGUAGE
8．a,a,c,c,e
9．xyabcABC
10．24

四、程序填空题

1．① p　② q<p+n　③ *q>max　④ *q<min
2．*(*(p+i)+j) 或 p[i][j]
3．① i<num-1-j　② book,6
4．① *++pa　② *++pa　③ *pa　④ return total
⑤ n<=2||n>=MAXNUM+1　⑥ num+n

五、编写程序题

1．参考程序：

```
#include <stdio.h>
int main()
{
   int x[10], *p1, *p2,k;
   for(k=0;k<10;k++)scanf("%d",x+k);
   for(p1=x,p2=x;p1-x<10;p1++)
      if (*p1>*p2)p2= p1;
   printf("MAX=%d,INDEX=%d\n",*p2,p2-x);
   return 0;
}
```

2．参考程序：

```
#include <stdio.h>
int main()
{
   int a[10][10];
   int i,j=9;
   for(i=0;i<10;i++)
   {
      a[i][i]=1;
      *(*(a+i)+j--)=1;
   }
   for(i=1;i<9;i++)*(*a+i)=1;
   for(i=1;i<9;i++)*(*(a+i))=1;
   for(i=8;i>0;i--)*(*(a+9)+i)=1;
   for(i=8;i>0;i--)*(*(a+i)+9)=1;
   for(i=1;i<=8;i++)
    for(j=1;j<=8;j++)
      if (*(*(a+i)+j)!=1)*(*(a+i)+j)=0;
    for(i=0;i<10;i++)
   {
      for(j=0;j<10;j++) printf("%2d",*(*(a+i)+j));
      printf("\n");
   }
   return 0;
}
```

3．参考程序：

```
#include <stdio.h>
int main()
{
   int score[5][4]={{62,87,67,95},{95,85,98,73},{66,92,81,69},{78,56,90,99}, {60,79,82,89}};
   int(*p)[4],j,k,flag;
   p=score;
   for(j=0;j<5;j++)
   {
      flag=0;
      for(k=0;k<4;k++)
         if (*(*(p+j)+k)<60) flag=1;
      if (flag==1)
```

```
    {
      printf("No.%d is fail, scores are:\n",j);
      for(k=0;k<4;k++)
      printf("%5d",*(*(p+j)+k));
      printf("\n");
    }
  }
  return 0;
}
```

4．参考程序：

```
#include "stdio.h"
int main()
{
  char s[21],*p,*q;
  gets(s);p=s;q=s;
  while(*q!='\0') q++;
  q-=1;
  while(p<q)                    // 指针 p 指向字符串首，指针 q 指向字符串末
    if (*p++!=*q--)             // 指针 p、q 同时向中间移动，比较对称的两个字符
    {
      printf("NO\n");
      break;
    }
  if (p>=q)
    printf("YES\n");
  return 0;
}
```

5．参考程序：

```
strcut(char s[],int m,int k)
{
  char *p;
  int i;
  p=s+m;                            // 指针 p 指向要被删除的字符
  while((*p=*(p+k))!='\0')          //p+k 指向要前移的字符
  p++;
}
```

6．参考程序：

```
void insert(char s1[],char s2[],char ch)
{
  char *p,*q;
  p=s1;
  while(*p++!=ch) ;
  while(*s2!='\0')
  {
    q=p;
    while(*q!='\0') q++;
    while(q>=p)
      *(q+1)=*q--;
    *++q=*s2++;
```

```
    p++;
  }
}
```

7. 参考程序：

```
void strcnb(char s1[],char s2[])
{
  char *p; int i=1;
  p=s1;
  while(*p!='\0') p++;
  while((*p++=*s2++)!='\0') ;    // 将 s2 接于 s1 后面
  p=s1;
  while(*p!='\0')                // 扫描整个字符串
  {
    if (*p==' ')                 // 当前字符是空格，则进行移位
    {
      while(*(p+i)==' ') i++;    // 寻找当前字符后面的第 1 个非空格
      if (*(p+i)!='\0')
      {
        *p=*(p+i);               // 将非空格移于当前字符处
        *(p+i)=' ';              // 被移字符处换为空格
      }
      else break;                // 寻找非空格时到字符串尾，移位过程结束
    }
  p++;
  }
}
```

3.9 构造数据类型

一、选择题

1．在如下结构体定义中，不正确的是（　　）。

A．struct teacher
```
{
   int no;
   char name[10];
   float salary;
};
```

B．struct tea[20]
```
{
   int no;
   char name[10]
   float salary;
}
```

C．struct teacher
```
{
   int no;
   char name[10];
   float score;
}tea[20];
```

D．struct
```
{
   int no;
   char name[10]
   float score;
}stud[100];
```

2．若有以下说明语句，则对 pup 中 sex 域的正确引用方式是（　　）。

```
struct pupil
{
  char name[20];
  int sex;
}pup,*p;
p=&pup;
```

A．p.pup.sex　　B．p->pup.sex　　C．(*p).pup.sex　　D．(*p).sex

3．若有以下程序段：

```
struct dent
{
  int no;
  int *m;
};
int a=1,b=2,c=3;
struct dent s[3]={{101,&a},{102,&b},{103,&c}};
int main()
{
  struct dent *p;
  p=s;
  …
}
```

则以下表达式中值为 2 的是（　　）。

A．(p++)->m　　B．* (p++)->m　　C．(*p).m　　D．*(++p)->m

4．已知 head 指向单向链表的第 1 个结点，以下程序调用函数 print 输出这一单向链表。请选择正确内容填空。

```
#include "stdio.h"
#include "stdlib.h"
struct student
{
  int info;
  struct student *link;
};
void print(struct student *head)
{
  struct student *p;
  p=head;
  if (head!=NULL)
  do
  {
    printf("%d", ___(1)___ );
    ___(2)___;
  }while(p!=NULL);
}
```

（1）A．p->info　　B．*p.info　　C．info　　D．(*p).link

（2）A．p->link=p　　B．p=p->link　　C．p=NULL　　D．p++

5．已知 head 指向单向链表的第 1 个结点，以下函数 del 完成从单向链表中删除值为 num 的第 1 个结点。请选择正确内容填空。

```
#include "stdio.h"
struct student
{
  int info;
  struct student *link;
};
struct student *del(struct student *head, int num)
{
  struct student *p1,*p2;
  if (head==NULL)
    printf("\n list null! \n");
  else
  {
    p1=head;
    while(num!=p1->info&&p1->link!=NULL)
    {
      p2=p1;
      p1=p1->link;
    }
    if (num==p1->info)
    {
      if (p1==head) ____(1)____;
      else p2->link= ____(2)____;
      printf("delete:%d\n",num);
    }
    else printf("%d not been found!\n",num);
  }
  return head;
}
```

（1）A．p2=p1->link　　B．head= p1　　C．head=p1->link　　D．p1->link=head

（2）A．head　　B．p1->link　　C．p1　　D．p1->info

6．设有以下说明语句：

```
typedef struct
{
  int n;
  char ch[8];
}PER;
```

则下面叙述中正确的是（　　）。

A．PER 是结构体变量名　　B．PER 是结构体类型名

C．typedef struct 是结构体类型　　D．struct 是结构体类型名

7．有以下结构体说明和变量的定义，指针 p 指向变量 a，指针 q 指向变量 b，如图 3-3 所示，则不能把结点 b 连接到结点 a 之后的语句是（　　）。

```
struct node
{
  char data;
  struct node *next;
}a,b,*p=&a,*q=&b;
```

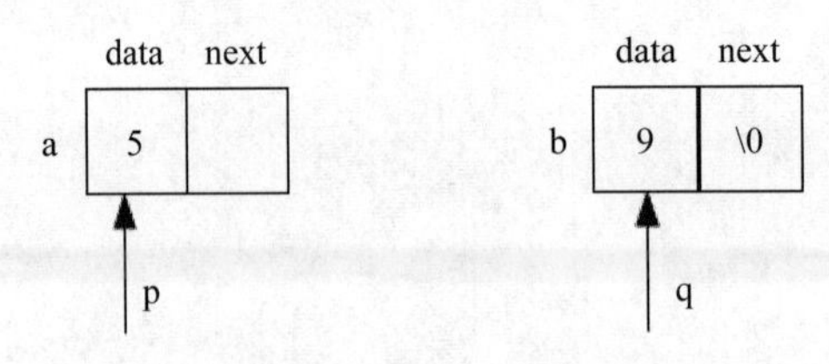

图 3-3 两个结点的连接

A．a.next=q;　　B．p.next=&b;　　C．p->next=&b;　　D．(*p).next=q;

8．若已建立图 3-4 所示的单向链表结构。

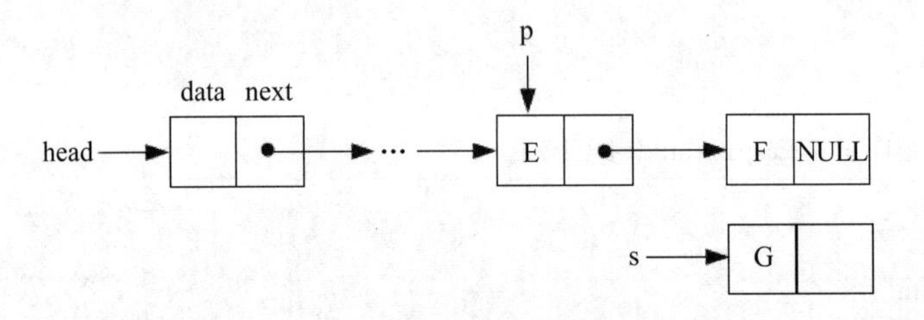

图 3-4 单向链表

在该链表结构中，指针 p、s 分别指向图 3-4 所示结点，则不能将 s 所指的结点插入链表末尾仍构成单向链表的语句组是（　　）。

A．p=p->next; s->next=p; p->next=s;

B．p=p->next; s->next=p->next; p->next=s;

C．s->next=NULL; p=p->next; p->next=s;

D．p=(*p).next; (*s).next=(*p).next; (*p).next=s;

9．若有以下定义：

```
struct link
{
  int data;
  struck link *next;
}a,b,c,*p,*q;
```

且变量 a 和 b 之间已有图 3-5 所示的链表结构。

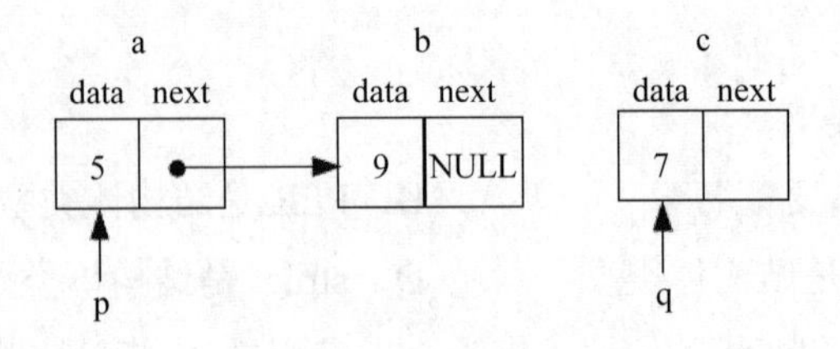

图 3-5 链表结构

指针 p 指向变量 a，q 指向变量 c，则能够把 c 插入 a 和 b 之间并形成新的链表的语句组是（　　）。

A．a.next=c; c.next=b;　　B．p.next=q; q.next=p.next;

C．p->next=&c; q->next=p->next;　　D．(*p).next=q; (*q).next=&b;

10．若已建立图 3-6 所示的链表结构，指针 p、s 分别指向相应结点，则不能将 s 所指的结点插入链表末尾的语句组是（　　）。

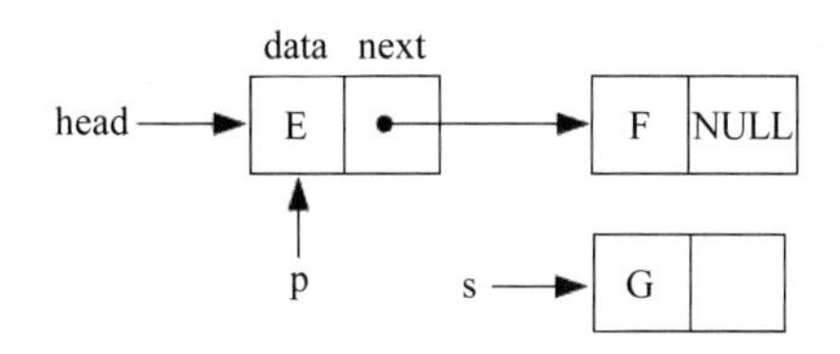

图 3-6　链表结构

A．s->next=NULL; p=p->next; p->next=s;

B．p=p->next; s->next=p->next; p->next=s;

C．p=p->next; s->next=p; p->next=s;

D．p=(*p).next; (*s).next=(*p).next; (*p).next=s;

11．以下对 C 语言中共用体类型数据的叙述正确的是（　　）。

A．可以对共用体变量名直接赋值

B．一个共用体变量中可以同时存放其所有成员

C．一个共用体变量中不可能同时存放其所有成员

D．共用体类型定义中不能出现结构体类型的成员

12．设有以下说明，则下面叙述不正确的是（　　）。

```
union data
{
  int i;
  char c;
  float f;
}un;
```

A．un 所占的内存长度等于成员 f 的长度

B．un 的地址和它的各成员地址都是同一地址

C．un 可以作为函数参数

D．不能对 un 赋值，但可以在定义 un 时对它初始化

13．C 语言共用体类型变量在程序运行期间（　　）。

A．所有成员一直驻留在内存中

B．只有一个成员驻留在内存中

C．部分成员驻留在内存中

D．没有成员驻留在内存中

14．以下对枚举类型名的定义中正确的是（　　）。

A．enum a={one,two,three};　　　B．enum a {one=9,two=-1,three};

C．enum a={"one","two","three"};　　D．enum a {"one","two","three"};

15．设有以下定义：

```
typedef union
  { long i; int k[5]; char c; }DATE;
struct date
  { int cat; DATE cow; double dog;}too;
```

```
DATE max;
```

则在 Visual Studio 中，下列语句的执行结果是（　　）。

```
printf ("%d",sizeof (struct date )+sizeof(max));
```

A．46　　B．52　　C．38　　D．30

16．以下程序的输出结果是（　　）。

```
#include <stdio.h>
int main()
{
  union {
     unsigned int n;
     unsigned char c;
    }u1;
  u1.c='A';
  printf("%c\n",u1.n);
}
```

A．A 的 ASCII 码值　　B．a

C．A　　D．65

17．以下各选项试图说明一种新的类型名，其中正确的是（　　）。

A．typedef v1 int;　　B．typedef v2=int;

C．typedef int v3;　　D．typedef v4: int;

18．以下程序的输出结果是（　　）。

```
#include <stdio.h>
union myun
{
  struct
  {
    int x,y,z;
  }u;
  int k;
}a;
int main()
{
  a.u.x=4; a.u.y=5; a.u.z=6;
  a.k=0;
  printf("%d\n",a.u.x);
  return 0;
}
```

A．4　　B．5　　C．6　　D．0

19．已知字符 0 的 ASCII 码值为十六进制的 30，以下程序的输出结果是（　　）。

```
#include <stdio.h>
int main()
{
  union {
    unsigned char c;
    unsigned int i[4];
  }z;
  z.i[0]=0x39;
```

```
    z.i[1]=0x36;
    printf("%c\n",z.c);
    return 0;
}
```

A．6　　B．9　　C．0　　D．3

20．以下对 typedef 的叙述中不正确的是（　　）。

A．用 typedef 可以定义各种类型名，但不能用来定义变量

B．用 typedef 可以增加新类型

C．用 typedef 只是将已存在的类型用一个新的标识符来代表

D．使用 typedef 有利于程序的通用和移植

21．设有以下说明：

```
struct packed
{
    unsigned one:1;
    unsigned two:2;
    unsigned three:3;
    unsigned four:4;
} data;
```

则以下位段数据的引用中不能得到正确数值的是（　　）。

A．data.one=4　　B．data.two=3　　C．data.three=2　　D．data.four=1

22．设位段的空间分配由右到左，则以下程序的输出结果是（　　）。

```
#include <stdio.h>
struct packed_bit
{
    unsigned a:2;
    unsigned b:3;
    unsigned c:4;
    int i;
}data;
int main()
{
    data.a=8; data.b=2;
    printf("%d\n ",data.a+data.b);
    return 0;
}
```

A．语法错误　　B．2　　C．5　　D．10

二、填空题

1．一个结构体变量所占用的空间是 ________。

2．指向结构体数组的指针的类型是 ________。

3．通过指针访问结构体变量成员的两种格式分别为 ________ 和 ________。

4．有如下定义：

```
struct
{
    int x;
    char *y;
```

```
}
   tab[2]={{1,"ab"},{2,"cd"}};
   *p=tab;
```

则表达式 *p->y 的结果是 ________，表达式 *(++p)->y 的结果是 ________。

5．有如下定义：

```
struct date
{
   int year,month,day;
}
struct person
{
   char name[8];
   char sex ;
   struct date birthday;
}person1;
```

对结构体变量 person1 的出生年份 year 进行赋值，相应的赋值语句是 ________。

6．链表有一个“头指针”变量，专门用来存放 ________。

7．常用结构体变量作为链表中的结点，每个结点都包括两部分：一部分是 ________，另一部分是 ________。

8．链表的最后一个结点的指针域常设置为 ________，表示链表到此结束。

9．若要利用下面的程序段使指针变量 p 指向一个存储整型变量的存储单元，则语句中应填入的内容是 ________。

```
int *p;
p=________malloc(sizeof(int));
```

10．设有以下定义：

```
struct ss
{
   int data;
   struct ss *link;
}x,y,z;
```

且已建立图 3-7 所示链表结构，则删除结点 y 的赋值语句是 ________。

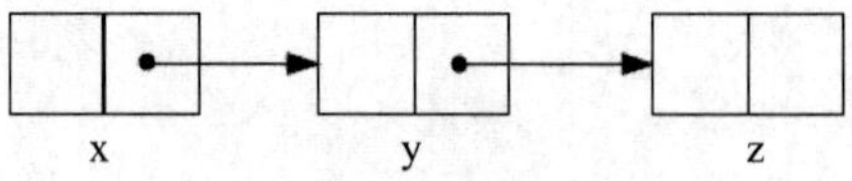

x　　y　　z

图 3-7　链表结构

11．共用体变量所占内存长度等于 ________。

12．在下列程序段中，枚举变量 c1 和 c2 的值分别是 ________ 和 ________。

```
#include <stdio.h>
int main()
{
   enum  color{red,yellow, blue=4,green,white}c1,c2 ;
   c1=yellow;
   c2=white ;
   printf("%d,%d\n",c1,c2);
```

```
    return 0;
}
```

13．以下程序的输出结果是 ________。

```
#include <stdio.h>
int main()
{
    union
    {
        int x ;
        struct sc
        {
            char c1;
            char c2;
        }b;
    } a ;
    a.x=0x1234;
    printf("%x,%x\n",a.b.c1,a.b.c2);
    return 0;
}
```

14．设有以下定义和语句，printf 语句中正确输出的变量及相应的格式说明分别是 _______、________。

```
union
{
    int  n;
    double  x;
} num ;
num.n=10;
num.x=10.5;
printf("________ ",________);
```

15．以下程序的输出结果是 ________。

```
#include <stdio.h>
int main()
{
struct EXAMPLE
{
    union {
        int x;
        int y;
       } myion;
    int a;
    int b;
    }e;
    e.a=1 ;
    e.b=2;
    e.myion.x=e.a*e.b;
    e.myion.y=e.a+e.b;
    printf("%d,%d",e.myion.x,e.myion.y);
}
```

16．以下程序的输出结果是 ________。

```
#include <stdio.h>
typedef  union student
```

```
{
    char name[10];
    long sno;
    char sex;
    float score[4];
}STU;
int main()
{
    STU a[5];
    printf("%d\n",sizeof(a));
    return 0;
}
```

17．设位段的空间分配由右到左，则以下程序的输出结果是 ________。

```
#include <stdio.h>
struct packed_bit
{
    unsigned a:2;
    unsigned b:3;
    unsigned c:4;
    int i;
}data;
int main()
{
    data.a=1; data.b=2; data.c=3; data.i=0;
    printf("%d\n",data);
    return 0;
}
```

三、阅读程序题

1．阅读程序，分析结果。

```
#include <stdio.h>
#include <malloc.h>
void fun(float *p1,float *p2,float *s)
{
    s=(float *)calloc(1, sizeof(float));
    *s=*p1+*(p2++);
}
int main()
{
    float a[2]={1.1,2.2}, b[2]={10.0,20.0},*s=a;
    fun(a,b,s);
    printf("%f\n",*s);
    return 0;
}
```

2．阅读程序，分析结果。

```
#include <stdio.h>
int main()
{
    enum team{my,your=4,his,her=his+10};
    printf("%d %d %d %d\n",my,your,his,her);
    return 0;
}
```

3．阅读程序，分析结果。

```
#include <stdio.h>
struct abc
{
   int a, b, c;
};
int main()
{
   struct abc s[2]={{1,2,3},{4,5,6}};
   int t;
   t=s[0].a+s[1].b;
   printf("%d \n ",t);
   return 0;
}
```

4．阅读程序，分析结果。

```
#include <stdio.h>
struct  st
{
   int x,*y;
}*p;
int dt[4]={10,20,30,40};
struct st aa[4]={50,&dt[0],60,&dt[0],60,&dt[0],60,&dt[0]};
int main()
{
   p=aa;
   printf("%d\n",++(p->x));
   return 0;
}
```

5．阅读程序，分析结果。

```
#include <stdio.h>
union pw
{
   int i;
   char ch[2];
}a;
int main()
{
   a.ch[0]=13;
   a.ch[1]=0;
   printf("%d\n",a.i);
   return 0;
}
```

6．阅读程序，分析结果。

```
#include <stdio.h>
int main()
{
   struct EXAMPLE
   {
      union
      {
```

```
        int x;
        int y;
    }in;
    int a;
    int b;
}e;
e.a=1; e.b=2;
e.in.x=e.a*e.b;
e.in.y=e.a+e.b;
printf("%d,%d",e.in.x,e.in.y);
return 0;
}
```

7．阅读程序，分析结果。

```
#include <stdio.h>
union ks
{
  int a;
  int b;
};
union ks s[4];
union ks *p;
int main()
{
  int n=1,i;
  printf("\n");
  for(i=0;i<4;i++)
  {
    s[i].a=n;
    s[i].b=s[i].a+1;
    n=n+2;
  }
  p=&s[0];
  printf("%d, ",p->a);
  printf("%d, ",++p->a);
  return 0;
}
```

8．阅读程序，分析结果。

```
#include <stdio.h>
enum coin {penny,nickel,dime,quarter,half_dollar,dollar};
char *name[]={"penny","nickel","dime","quarter","hal_fdollar","dollar"};
int main()
{
  enum coin money1,money2;
  money1=dime;
  money2=dollar;
  printf("%d %d ",money1,money2);
  printf("%s %s\n",name[(int)money1],name[(int)money2]);
  return 0;
}
```

9．阅读程序，分析结果。

```
#include <stdio.h>
typedef int INT;
int main()
{
  INT a,b;
  a=5;
  b=6;
  printf("a=%d\tb=%d\n",a,b);
  {
    float INT;
    INT=3.0;
    printf("2*INT=%.2f\n",2*INT);
  }
  return 0;
}
```

10．阅读程序，分析结果。

```
#include <stdio.h>
int main()
{
  union
  {
    int a[2];
    long b;
    char c[4];
  }s;
  s.a[0]=0x39;
  s.a[1]=0x38;
  printf("%lx\n",s.b);
  printf("%c\n",s.c[0]);
  return 0;
}
```

四、程序填空题

1．结构数组中存有 3 人的姓名和年龄，以下程序输出年龄最大者的姓名和年龄。

```
#include <stdio.h>
static struct man
{
  char name[20];
  int age;
}person[]={"liming",18,"wanghua",19,"zhangping",20};
int main()
{
  struct man *p,*q;
  int old=0;
  p=person;
  for(;p____①____;p++)
   if (old<p->age)
     {
       q=p; ____②____;
     }
  printf("%s %d", ____③____);
  return 0;
}
```

2．以下程序的功能是静态建立一个有 2 个学生数据的链表，并输出各结点中的数据。

```
#define NULL 0
#include "stdio.h"
struct student
{
   int num;
   float score ;
   struct student *link;
};
int main()
{
   struct student a,b,*head,*p;
   a.num=0001;
   a.score=459;
   b.num=0002;
   b.score=586;
   head=&a;
   a.link= ___①___;
   b.link=NULL;
   p=head ;
   do
   {
      printf("%d,%5.1f\n", ___②___);
      p= ___③___;
   }
   while(p!=NULL);
   return 0;
}
```

3．已知 head 指向一个单向链表的第 1 个结点，链表中每个结点包含数据域（data）和指针域（next），数据域为整型。以下程序的功能是求出链表所有结点数据域的和值。

```
#include <stdio.h>
struct link
{
   int data;
   struct link *next;
};
int main()
{
   struct link *head,*p;
   int s=0;
   struct link a={3,NULL},b={5,NULL},c={7,NULL};
   head=&a; a.next=&b; b.next=&c;   // 建立包含 3 个结点的链表作为示例
   p=head;
   while(p!=NULL)
   {
      s+= ___①___;
      p= ___②___;
   }
   printf("s=%d\n",s );
   return 0;
}
```

4．以下程序的功能是动态建立一个存储学生数据的链表，写出创建链表的函数 create，以学号为 0 表示输入结束。

```
#define NULL 0
#include <stdio.h>
#include <malloc.h>
struct student
{
   int num ;
   float score;
   struct student *next;
};
int n;
struct student *create(void)
{
   struct student *head,*p1,*p2;
   n=0 ;
   p1=p2=(struct student *)malloc(  ①  );
   scanf("%d%f",&p1->num,&p1->score);
   head=NULL;
   while(p1->num!=0)
   {
      n=n+1;
      if (n==1) head=p1;
      else   ②   ;
      p2=p1;
      p1=p2=(struct student *)malloc(sizeof(struct student));
      scanf("%d%f",&p1->num,&p1->score);
   }
   p2->next=NULL;
   return head;
}
```

5．以下程序的功能是对输入的两个数字进行正确性判断，若数据满足要求，则输出正确信息，并计算结果，否则打印出相应的错误信息并继续读数，直到输入正确为止。

```
enum ErrorData {Right,Less0,Great100,MinMaxErr};
char *ErrorMessage[]={
                  " Enter Data Right",
                  " Data<0 Error",
                  " Data>100 Error",
                  " x>y Error"
             };
#include <stdio.h>
int main()
{
   int status,x,y;
   do
   {
      printf(" please enter two number(x,y) ");
      scanf(" %d%d",&x,&y);
      status=   ①   ;
   printf(ErrorMessage[  ②  ]);
   }while(status!=Right);
   printf(" Result=%d",x*x+y*y);
```

```
    return 0;
}
int error(int min,int max)
{
    if (max<min) return MinMaxErr;
    else if (max>100) return Great100;
        else if (min<0) return Less0;
        else ____③____;
}
```

6．已知 head 指向一个不带头结点的环形链表，链表中每个结点包含数据域（num）和指针域（link）。数据域存放整数，第 i 个结点的数据域值为 i。以下函数的功能是利用环形链表模拟猴子选大王的过程：从第 1 个结点开始循环报数，每遇到 c 的整数倍，就将相应的结点删除（编号为 c 的猴子被淘汰），如此循环直到链表中剩下一个结点，就是猴王。

```
#include <stdio.h>
typedef int datatype;
typedef struct node
{
    datatype data;
    struct node*next;
} linklist;
...
int selectking(linklist *head,int c)
{
    linklist * p,*q; int t;
    p=head; t=0;
    do
    {
        t++
        if ((t%c)!=0)
        {
            q=p;
            ____①____;
        }
        else
        {
            q->next= ____②____ ;
            p=p->next;
        }
    }
    while(____③____);
    return p->data;
}
```

五、编写程序题

1．利用以下结构体：

```
struct complx
{
    int real;
    int im;
};
```

编写求两个复数之积的函数 cmult，并利用该函数求下列复数之积。

（1）(3+4i)×(5+6i)。

（2）(10+20i)×(30+40i)。

2．编写成绩排序程序。按学生的序号输入学生的成绩，按照分数由高到低的顺序输出学生的名次、该名次的分数、相同名次的人数和学号；同名次的学号输出在同一行中，一行最多输出 10 个学号。

3．输入一个时间，屏幕显示一秒后的时间，显示格式为 HH:MM:SS。程序需要处理以下 3 种特殊情况。

（1）若秒数加 1 后为 60，则秒数恢复到 0，分钟数增加 1。

（2）若分钟数加 1 后为 60，则分钟数恢复到 0，小时数增加 1。

（3）若小时数加 1 后为 24，则小时数恢复到 0。

4．输入字符串，分别统计字符串中所包含的各个不同的字符及各字符的数量。例如，若输入字符串 abcedabcdcd，则输出：a=2 b=2 c=3 d=3 e=1。

5．建立一个教师链表，每个结点包括教师编号（no）、姓名（name[8]）、工资（wage），编写动态创建函数 creat 和输出函数 print。

6．在上一题基础上，假如已经按教师编号升序排列（编号不重复），写出插入一个新教师结点的函数 insert。

参考答案

一、选择题

1．B	2．D	3．D	4．A B	5．C B	6．B	7．B
8．A	9．D	10．C	11．C	12．C	13．B	14．B
15．B	16．C	17．C	18．D	19．B	20．B	21．A
22．B						

二、填空题

1．各成员所需内存空间的总和

2．结构体数组的类型

3．(*p). 成员名　p-> 成员名

4．a　c

5．person1.birthday.year=1990;

6．链表第 1 个结点的地址

7．数据域　指针域

8．NULL

9．(int *)

10．x.link=&z 或 x.link=y.ink

11．最长的成员的长度

12．1　6

13．34,12

14．%lf　num.x

15．3,3

16．80

17．105

三、阅读程序题

1．1.100000

2．0 4 5 15

3．6

4．51

5．13

6．3,3

7．2,3,

8．2 5 dime dollar

9．a=5　b=6

2*INT=6.00

10．在 Visual Studio 下的结果：

39

9

在 TC 下的结果：

380039

9

四、程序填空题

1．① <person+3　② old=p->age　③ q->name, q->age

2．① &b　② p->num,p->score　③ p->link

3．① p->data　② p->next

4．① sizeof(struct student)　② p2->next =p1

5．① error(x,y)　② status　③ return Right

6．① p=p->next　② p->next->next　③ p->next!=p

五、编写程序题

1．分析：程序中函数 cmult 的形式参数是结构类型，函数 cmult 的返回值也是结构类型。在运行时，实参 za 和 zb 为两个结构体变量，实参与形参结合时，将实参结构的值传递给形参结构，在函数计算完毕之后，结果存在结构体变量 w 中，main 函数将 cmult 返回的结构体变量 w 的值存入结构体变量 z 中。这样通过函数间结构体变量的传递和函数返回结构体类型的计算结果完成两个复数相乘的操作。

参考程序：

```
#include <stdio.h>
struct complx
```

```
{
    int real;             //real 为复数的实部
    int im;               //im 为复数的虚部
};
struct complx cmult(struct complx,struct complx);
void cpr(struct complx,struct complx,struct complx);
int main()
{
    static struct complx za={3,4}; // 说明结构体静态变量并初始化
    static struct complx zb={5,6};
    struct complx x,y,z;
    z=cmult(za,zb);               // 以结构体变量调用 cmult 函数，返回值赋给结构体变量 z
    cpr (za,zb,z);                // 以结构体变量调用 cpr 函数，输出计算结果
    x.real=10; x.im=20;
    y.real=30; y.im=40;           // 下一组数据
    z=cmult(x,y);
    cpr(x,y,z);
    return 0;
}
struct complx cmult(struct complx za,struct complx zb)
// 计算复数 za×zb，函数的返回值为结构体类型
{
    struct complx w;
    w.real=za.real*zb.real-za.im*zb.im;
    w.im=za.real*zb.im+za.im*zb.real;
    return w;                     // 返回计算结果，返回值的类型为结构体
}
void cpr(struct complx za,struct complx zb,struct complx z)
// 输出复数 za×zb=z
{
    printf("(%d+%di)*(%d+%di)=",za.real,za.im,zb.real,zb.im);
    printf("(%d+%di)\n",z.real,z.im);
}
```

2．参考程序一：

```
#include <stdio.h>
struct student
{
    int n;
    int mk;
};
int main()
{
    int i,j,k,count=0,no;
    struct student stu[100],*s[100],*p;
    printf("\nPlease enter mark(if mark<0 is end)\n");
    for(i=0;i<100;i++)
    {
        printf("No.%04d==",i+1);
        scanf("%d",&stu[i].mk);
        s[i]=&stu[i];
        stu[i].n=i+1;
        if (stu[i].mk<=0) break;
```

```
        for(j=0;j<i;j++)
        for(k=j+1;k<=i;k++)
        if (s[j]->mk<s[k]->mk)
        {
            p=s[j];
            s[j]=s[k];
            s[k]=p;
        }
    }
    for(no=1,count=1,j=0;j<i;j++)
    {
        if (s[j]->mk > s[j+1]->mk)
        {
            printf("\nNo.%3d==%4d%4d : ",no,s[j]->mk,count);
            for(k=j-count+1;k<=j;k++)
            {
                printf("%03d ",s[k]->n);
                if ((k-(j-count))%10==0&&k!=j)
                printf("\n ");
            }
        count=1;
        no++;
        }
        else count++;
    }
    return 0;
}
```

参考程序二：

```
#include <stdio.h>
#define N 5
struct student
{
    int number;
    int score;
    int rank;
    int no;
}stu[N];
int main()
{
    int i,j,k,count,rank,score;
    struct student temp;
    for(i=1;i<=N;i++)
    {
        printf("Enter N.o %d=",i);
        scanf("%d%d",&temp.number,&temp.score);
        for(j=i-1;j>0;j--)
            if (stu[j-1].score<temp.score)
                stu[j]=stu[j-1];
        else break;
        stu[j]=temp;
    }
        stu[0].rank=1;
```

```
    count=1;
    k=0;
    for(i=0;i<N-1;i++)
    {
        score=stu[i].score;
        rank=stu[i].rank;
        if (stu[i+1].score==stu[i].score)
        {
            stu[i+1].rank=stu[i].rank;
            count++;
        }
        else
        {
            for(j=0;j<count;j++)
                stu[k+j].no=count-j;
            stu[i+1].rank=stu[i].rank+1;
            count=1;
            k=i+1;
        }
        if (i==N-2)
            for(j=0;j<count;j++)
                stu[k+j].no=count-j;
    }
    for(i=0;i<N;i++)
    {
        rank=stu[i].rank;
        count=stu[i].no;
        printf("\n%3d (%3d)-%d: ",rank,stu[i].score,coun);
        for(k=1;k<=count;k++)
            if ((k-1)%3!=0)
                printf("%d ",stu[i+k-1].number);
        else printf("\n %d ",stu[i+k-1].number);
        i+=count-1;
    }
  return 0;
}
```

3．参考程序：

```
#include <stdio.h>
struct time
{
  int hour;
  int minute;
  int second;
};
int main()
{
  struct time now;
  printf("Please enter now time(HH,MM,SS)=\n");
  scanf("%d,%d,%d",&now.hour,&now.minute,&now.second);
  now.second++;
  if (now.second==60)
  {
```

```
        now.second=0;
        now.minute++;
    }
    if (now.minute==60)
    {
        now.minute=0;
        now.hour++;
    }
    if (now.hour==24)
        now.hour=0;
    printf("\nNow is %02d:%02d:%02d",now.hour,now.minute,now.second);
    return 0;
}
```

4．参考程序：

```
#include <stdio.h>
struct strnum
{
    int i;
    char ch;
};
int main()
{
    char c;
    int i=0,k=0;
    struct strnum s[100]={0,NULL};
    while((c=getchar())!='\n')
    {
        for(i=0;s[i].i!=0;i++)
        {
            if (c==s[i].ch)
            {
                s[i].i++;
                break;
            }
        }
        if (s[i].i==0)
        {
            s[k].ch=c;
            s[k++].i=1;
        }
    }
    i=0;
    while(s[i].i>0)
    {
        printf("%c=%d ",s[i].ch,s[i].i);
        i++;
    }
    return 0;
}
```

5．参考程序：

```
#include <stdio.h>
```

```
#include <malloc.h>
#define NULL 0
#define LEN sizeof(struct teacher)
struct teacher
{
   int no;
   char name[8];
   float wage;
   struct teacher *next;
};
int n;
struct teacher *creat(void)
{
   struct teacher *head;
   struct teacher *p1,*p2;
   n=0;
   p1=p2=(struct teacher *)malloc(LEN);
   scanf("%d%s%f",&p1->no,p1->name,&p1->wage);
   head=NULL;
   while(p1->no!=0)
   {
      n=n+1;
      if (n==1)head=p1;
      else p2->next=p1;
      p2=p1;
      p1=(struct teacher *)malloc(LEN);
      scanf("%d%s%f",&p1->no,p1->name,&p1->wage);
   }
   p2->next=NULL;
   return head;
}
void print(struct teacher *head)
{
   struct teacher *p;
   p=head;
   if (head!=NULL)
    do
    {
       printf("%d\t%s\t%f\n",p->no,p->name,p->wage);
       p=p->next;
    }
   while(p!=NULL);
}
```

6．参考程序：

```
struct teacher *insert(struct teacher *head,struct teacher *tea)
{
   struct teacher *p0,*p1,*p2;
   p1=head;
   p0=tea;
   if (head=NULL)
    {
       head=p0;
```

```
        p0->next=NULL;
      }
    else
    while((p0->no>p1->no)&&(p1->next!=NULL))
    {
      p2=p1;
      p1=p1->next;}
      if (p0->no<=p1->no)
      {
        if (head==p1) head=p0;
        else p2->next=p0;
        p0->next=p1;
      }
      else
      {
        p1->next=p0;
        p0->next=NULL;
      }
      n=n+1;
    return head;
    }
}
```

3.10 文件操作

一、选择题

1．要打开一个已存在的非空文件 file 用于修改，正确的语句是（　　）。

A．fp=fopen("file","r");　　B．fp=fopen("file","a+");

C．fp=fopen("file","w");　　D．fp=fopen("file","r+");

2．若有以下定义：

```
#include "stdio.h"
struct std
{
  char num[6];
  char name[8];
  float mark[4];
}a[30];
FILE *fp;;
```

设文件中以二进制形式存有 10 个班的学生数据，且已正确打开文件，文件指针定位于文件开头。若要从文件中读出 30 个学生的数据放入 a 数组中，则以下不能实现此功能的语句是(　　)。

A．for(i=0; i<30; i++)
fread(&a[i], sizeof(struct std), 1L, fp);

B．for(i=0; i<30; i++)
fread(a+i, sizeof(struct std), 1L, fp);

C．fread(a, sizeof(struct std), 30L,fp);

D．for(i=0; i<30; i++)
fread(a[i], sizeof(struct std), 1L, fp);

3．fgetc 函数的作用是从指定文件读入一个字符，该文件的打开方式必须是（　　）。

A．只写　　B．追加　　C．读或读写　　D．答案 B 和 C 都正确

4．若成功调用 fputc 函数输出字符，则其返回值是（　　）。

A．EOF　　B．1　　C．0　　D．输出的字符

5．阅读以下程序及对程序功能的描述，其中正确的描述是 (　　)。

```
#include <stdio.h>
#include <stdlib.h>
int main()
{
  FILE *in, *out;
  char infile[10],outfile[10];
  scanf("%s",infile);
  printf("Enter the infile name :\n");
  scanf("%s",outfile);
  if ((in=fopen(infile,"r"))==NULL)
  {
    printf("cannot open infile\n");
    exit(0);
  }
  if ((out=fopen(outfile,"w"))==NULL)
  {
    printf("cannot open outfile\n");
    exit(0);
  }
  while(!feof(in))
    fputc(fgetc(in),out);
  fclose(in);
  fclose(out);
  return 0;
}
```

A．程序完成将磁盘文件的信息在屏幕上显示的功能

B．程序完成将两个磁盘文件合二为一的功能

C．程序完成将一个磁盘文件复制到另一个磁盘文件中的功能

D．程序完成将两个磁盘文件合并且在屏幕上输出的功能

6．函数调用语句“fseek(fp,-20L,2);”的含义是（　　）。

A．将文件位置指针移动到距离文件 0 个字节处

B．将文件位置指针从当前位置向文件尾部方向移动 20 个字节

C．将文件位置指针从文件末尾处向文件首部方向移动 20 个字节

D．将文件位置指针移动到离当前位置 20 个字节处

7．fseek 函数的作用是（　　）。

A．使文件位置指针指向文件的开头　　B．使文件位置指针指向文件的末尾

C．改变文件的结束标志　　D．改变文件的位置指针

8．rewind 函数的作用是（　　）。

A．使位置指针重新返回文件的开头

B．将位置指针指向文件中所要求的特定位置

C．使位置指针指向文件的末尾

D．使位置指针自动移动到下一个字符位置

9．ftell(fp) 函数的作用是（　　）。

A．得到流式文件的当前位置　　B．移动流式文件的位置指针

C．初始化流式文件的位置指针　　D．以上答案均正确

10．在执行 fopen 函数时，ferror 函数的初值是（　　）。

A．TURE　　B．-1　　C．1　　D．0

11．下面程序实现人员登录，即每当键盘接收一个姓名，便在文件 member.dat 中寻找。若此姓名已经存在，则显示相应信息；若文件中没有该姓名，则将其存入文件（若文件 member.dat 不存在，应该在磁盘上建立一个新文件）。当输入姓名按回车键或处理过程中出现错误时程序结束。请从下面对应的一组选项中选择正确的内容填入下画线处。

```
#include <stdio.h>
#include <stdlib.h>
#include <string.h>
int main()
{
  FILE *fp;
  int flag;
  char name[20],data[20];
  if ((fp=fopen("member.dat", ___①___ ))==NULL)
  {
    printf("Open file error\n");
    exit(0);
  }
  do
  {
    printf("Enter name:");
    ___②___;
    if (strlen(name)==0)
      break;
    strcat(name,"\n");
    rewind(fp);
    flag=1;
    while(flag&&((fgets(data,20,fp)!=NULL)))
      if (strcmp(data,name)==0)
          flag=0;
      if (flag)
          fputs(name,fp);
    else
          printf("\tThis name has been existed!\n");
  }while( ___③___ );      //读写正确就循环
  fclose(fp);
  return 0;
}
```

（1）A．"w"　　B．"w+"　　C．"r+"　　D．"a+"

（2）A．fgets(name)　　B．gets(name)

　　C．scanf(name)　　D．getc(name)

（3）A．ferror(fp)==0　　B．ferror(fp)==1

　　C．ferror(fp)!=0　　D．!(ferror(fp)==0)

二、填空题

1．在 C 语言程序中，文件可以用 ________ 方式存取，也可以用 ________ 方式存取。

2．在 C 语言中，文件的存取是以 ________ 为单位的，这种文件被称作 ________ 文件。

3．C 语言中标准输入文件 stdin 是指 ________。

4．若要用 fopen 函数打开一个新的二进制文件，该文件要既能读也能写，则文件使用方式字符串应是 ________ 。

5．feof(fp) 函数用来判断文件是否结束，若遇到文件结束，则函数值为 ________，否则为 ________。

6．当顺利执行了文件关闭操作时，fclose 函数的返回值是 ________。

7．当调用函数 fread 从磁盘文件中读数据时，若函数的返回值为 10，则表明读入了 10 个字符；若函数的返回值为 0，则表示 ________；若函数的返回值为 -1，则意味着 ________。

8．函数调用语句“fgets(buf,n,fp);”从 fp 指向的文件中读入 ________ 个字符放到 buf 字符数组中，函数返回值为 ________。

9．设有以下结构体类型：

```
struct st
{
  char name[8];
  int num;
  float s[4];
}student[50];
```

并且结构体数组 student 中的元素都已有值，若要将这些元素写到硬盘文件 fp 中，请将以下 fwrite 语句补充完整。

```
fwrite(student,________,1,fp);
```

10．假设以下程序运行前，文件 gg.txt 的内容为 sample，则以下程序的输出结果是 ______。

```
#include <stdio.h>
int main()
{
  FILE *fp;
  long position;
  fp=fopen("gg.txt","a");
  position=ftell(fp);
  printf("position=%ld\n",position);
  fprintf(fp,"%s","sample data\n");
  position=ftell(fp);
  printf("position=%ld\n",position);
  fclose(fp);
  return 0;
}
```

三、程序填空题

1．以下程序用变量 count 统计文件中字符的个数。

```
#include <stdio.h>
#include <stdlib.h>
int main()
{
```

```
    FILE *fp;
    long count=0;
    if ((fp=fopen("letter.dat",____①____))==NULL)
    {
      printf("cannot open file\n");
      exit(0);
    }
     while(!feof(fp))
    {
    ____②____;
    ____③____;
    }
    printf("count=%ld\n",count);
    fclose(fp);
    return 0;
}
```

2．以下程序的功能是将磁盘上的一个文件复制到另一个文件中，两个文件名在命令行中给出（假定给定的文件名无误）。

```
#include <stdio.h>
#include <stdlib.h>
int main(int argc,char *argv[])
{
   FILE *f1,*f2;
   if (argc<____①____)
   {
      printf("The command line error! ");
      exit(0);
   }
   f1=fopen(argv[1],"r");
   f2=fopen(argv[2],"w");
   while(____②____)
      fputc(fgetc(f1),____③____);
   ____④____;
   ____⑤____;
   return 0;
}
```

3．以下程序的功能是根据命令行参数分别实现一个正整数的累加或阶乘。例如，若可执行文件的文件名是sm，则执行该程序时输入“sm + 10”，可以实现10的累加；输入“sm - 10”，可以实现求10的阶乘。

```
#include <stdio.h>
#include <stdlib.h>
int main(int argc,char *argv[])
{
   int n;
   void sum(int),mult(int);
   void (*funcp)(int);
   void dispform(void);
   n=atoi(argv[2]);
   if (argc!=3||n<=0)
      dispform();
```

```
    switch (_____①_____)
    {
      case '+': funcp=sum;
        break;
      case '-': funcp=mult;
        break;
      default: dispform();
    }
    _____②_____;
    return 0;
}
void sum(int m)
{
    int i,s=0;
    for(i=1;i<=m;i++)
    _____③_____;
    printf("sum=%d\n",s);
}
void mult(int m)
{
  long int i,s=1;
  for(i=1;i<=m;i++)
    s *= i;
  printf("mult=%ld\n",s);
}
void dispform(void)
{
    printf("usage:sm (+/-) n(n>0)\n");
    exit (0);
}
```

4．以下程序的功能是从键盘上输入一个字符串，把该字符串中的小写字母转换为大写字母，输出到文件 test.txt 中，然后从该文件读出字符串并显示出来。

```
#include <stdio.h>
#include <stdlib.h>
#include <string.h>
int main()
{
    char str[100];
    int i=0;
    FILE *fp;
    if ((fp=fopen("test.txt", _____①_____))==NULL)
    {
      printf("Can't open the file.\n");
      exit(0);
    }
    printf("Input a string:\n");
    gets(str);
    while(str[i])
    {
      if (str[i]>='a'&&str[i]<='z')
        str[i]-= _____②_____;
```

```
        fputc(str[i],fp);
        i++;
    }
    fclose(fp);
    fp=fopen("test.txt", ___③___);
    fgets(str,strlen(str)+1,fp);
    printf("%s\n",str);
    fclose(fp);
    return 0;
}
```

5．以下程序的功能是将从终端上读入的 10 个整数以二进制方式写入名为 binary.dat 的新文件中。

```
#include <stdio.h>
#include <stdlib.h>
int main()
{
    FILE *fp;
    int i, j;
    if ((fp=fopen( ___①___, "wb" ))==NULL)
        exit(0);
    for(i=0;i<10;i++)
    {
        scanf("%d",&j);
        fwrite(___②___,sizeof(int),1,___③___);
    }
    fclose(fp);
    return 0;
}
```

6．以下程序的功能是以字符流形式读入一个文件，从文件中检索出 6 种 C 语言的关键字，并统计输出每种关键字在文件中出现的次数。本程序中规定：单词是一个以空格、'\t' 或 '\n' 结束的字符串。

```
#include <stdio.h>
#include <string.h>
#include <stdlib.h>
FILE *cp;
char fname[20],buf[100];
int num;
struct key
{
    char word[10];
    int count;
}keyword[]={"if",0,"char",0,"int",0,"else",0,"while",0,"return",0};
char *getword(FILE *fp)
{
    int i=0;
    char c;
    while((c=getc(fp))!=EOF&&(c==' '||c=='\t'||c=='\n'));
    if (c==EOF)
        return NULL;
    else buf[i++]=c;
```

```
    while((c=____①____&&c!=' '&&c!='\t'&&c!='\n')
        buf[i++]=c;
    buf[i]='\0';
    return buf;
}
void lookup(char *p)
{
    int i;
    char *q, *s;
    for(i=0;i<num;i++)
    {
        q = ____②____;
        s=p;
        while(*s&&(*s==*q))
        {
            ____③____
        }
        if (____④____)
        {
            keyword[i].count++;
            break;
        }
    }
    return;
}
int main()
{
    int i;
    char *word;
    printf("Input file name:");
    scanf("%s",fname);
    if ((cp=fopen(fname, "r"))==NULL)
    {
        printf("File open error: %s\n", fname);
        exit(0);
    }
    num=sizeof(keyword)/sizeof(struct key);
    while(____⑤____)
        lookup(word);
    fclose(cp);
    for(i=0;i<num;i++)
        printf("keyword:%-20scount=%d\n",keyword[i].word,keyword[i].count);
    return 0;
}
```

四、编写程序题

1．设文件 number.dat 中存放了一组整数，统计并输出文件中正整数、零和负整数的个数。

2．设文件 student.dat 中存放着一年级学生的基本情况，这些情况由以下结构体来描述：

```
struct student
{
    long int num;            //学号
    char name [10];          //姓名
```

```
    int age;                    // 年龄
    char sex;                   // 性别
    char speciality[20];        // 专业
    char addr[40];              // 住址
};
```

需要输出学号在 20070101 ～ 20070135 之间的学生的学号、姓名、年龄和性别。

3．从键盘输入 3 个学生的数据，将它们存入文件 student.dat，然后从文件中读出数据，并显示在屏幕上。

4．读入磁盘上 C 语言源程序文件 practice1.c，删去程序中的注释后显示文件内容。

参考答案

一、选择题

1．D　2．D　3．C　4．D　5．C　6．C　7．D
8．A　9．A　10．D　11．D　B　A

二、填空题

1．顺序　随机
2．字符　流式
3．键盘
4．wb+
5．非 0 值　0
6．0
7．遇到了文件结束符　读文件出错
8．n-l　buf 的首地址
9．50*sizeof(struct st)
10．position=0　position=19

三、程序填空题

1．① "r"　② fgetc(fp)　③ count++
2．① 3　② !feof(f1) 或 feof(f1)==0　③ f2　④ fclose(f2)　⑤ fclose(f1)
3．① *argv[1]　② (*funcp)(n)　③ s+=i
4．① "w"　② 32　③ "r"
5．① "binary.dat"　② &j　③ fp
6．① fgetc(fp))!=EOF　② &keyword[i].word[0]　③ s++; q++;　④ *s==*q
⑤ (word=getword(cp))!=NULL

四、编写程序题

1．参考程序：

```
#include "stdio.h"
FILE*fp;
int main()
{
  int p=0,n=0,z=0,temp;
```

```
    fp=fopen("number.dat","r");
    if (fp==NULL)
    {
      printf("file not found\n");
      return;
    }
    else
    {
      while(!feof(fp))
      {
        fscanf(fp,"%d",&temp);
        if (temp>0)
          p++;
        else if (temp<0)
          n++;
       else
          z++;
      }
      fclose(fp);
      printf("positive:%3d,negtive:%3d,zero:%3d\n",p,n,z);
    }
    return 0;
}
```

2．参考程序：

```
#include "stdio.h"
struct student
{
    long int num;
    char name[10];
    int age;
    char sex;
    char speciality[20];
    char addr[40];
};
FILE*fp;
int main()
{
    struct student std;
    fp=fopen("student.dat","rb");
    if (fp==NULL)
      printf("file not found\n");
    else
    {
      while(!feof(fp))
      {
        fread(&std,sizeof(struct student),1,fp);
        if (std.num>=20070101&&std.num<=20070135)
            printf("%ld %s %d %c\n",std.num,std.name,std.age,std.sex);
      }
      fclose(fp);
    }
    return 0;
}
```

3．参考程序：

```
#include <stdio.h>
#include <stdlib.h>
#define SIZE 3
struct student                                          // 定义结构
{
  long num;
  char name[10];
  int age;
  char address[10];
}stu[SIZE],out;
void fsave()
{
  FILE *fp;
  int i;
  if ((fp=fopen("student.dat","wb"))==NULL)            // 以二进制写方式打开文件
  {
    printf("Cannot open file.\n");                     // 打开文件的出错处理
    exit(1);                                           // 出错后返回，停止运行
  }
  for(i=0;i<SIZE;i++)                                  // 将学生的信息（结构）以数据块形式写入文件
   if (fwrite(&stu[i],sizeof(struct student),1,fp)!=1)
    printf("File write error.\n");                     // 写过程中的出错处理
  fclose(fp);                                          // 关闭文件
}
int main()
{
  FILE *fp;
  int i;
  for(i=0;i<SIZE;i++)                                  // 从键盘读入学生的信息（结构）
  {
    printf("Input student %d:",i+1);
    scanf("%ld%s%d%s",&stu[i].num,stu[i].name,&stu[i].age,stu[i].address);
  }
  fsave();                                             // 调用函数保存学生信息
  fp=fopen("student.dat","rb");                        // 以二进制读方式打开数据文件
  printf(" No. Name Age Address\n");
  while(fread(&out,sizeof(out),1,fp))                  // 以读数据块方式读入信息
    printf("%8ld. %-10s %4d %-10s\n",out.num,out.name,out.age,out.address);
  fclose(fp);                                          // 关闭文件
  return 0;
}
```

4．参考程序：

```
#include <stdio.h>
#include <stdlib.h>
FILE *fp;
int main()
{
  char c, d;
  void in_comment(void);
  void echo_quote(int);
```

```
    if ((fp=fopen("practice1.c","r"))==NULL)
     exit(0);
    while((c=fgetc(fp))!=EOF)
      if (c=='/')                       // 如果是字符注释的起始字符 '/'
        if ((d=fgetc(fp))=='*')         // 则判断下一个字符是否为 '*'
          in_comment();                 // 调用函数删除注释
        else                            // 否则原样输出读入的两个字符
        {
          putchar(c);
          putchar(d);
        }
      else
         putchar(c);
    return 0;
}
void in_comment(void)
{
    int c, d;
    c=fgetc(fp);
    d=fgetc(fp);
    while(c!='*'||d!='/')
    {                                   // 连续的两个字符不是 * 和 /，则继续处理注释
      c=d;
      d=fgetc(fp);
    }
}
```

参 考 文 献

[1] 教育部高等学校大学计算机课程教学指导委员会．新时代大学计算机基础课程教学基本要求 [M]．北京：高等教育出版社，2023．

[2] 刘卫国．C 语言程序设计 [M]．北京：中国铁道出版社，2008．

[3] 刘卫国．C 语言程序设计实践教程 [M]．北京：中国铁道出版社，2008．

[4] 教育部考试中心．全国计算机等级考试二级教程：C 语言程序设计（2022 年版）[M]．北京：高等教育出版社，2022．

[5] DEITEL H M，DEITEL P J．C 程序设计教程 [M]．薛万鹏，译．北京：机械工业出版社，2000．